U0661465

女性
毛衫潮流

150

例

谭阳春 主编

辽宁科学技术出版社
·沈 阳·

本书编委会

主　编　谭阳春

编　委　王艳青　罗　超　李玉栋　贺梦瑶　王丽波

图书在版编目（CIP）数据

女性潮流毛衫150例/谭阳春主编. —沈阳：辽宁科
学技术出版社，2011.9
　　ISBN 978-7-5381-7025-2

　　Ⅰ. ①女… Ⅱ. ①谭… Ⅲ. ①毛衣—编织—图集
Ⅳ. ①TS941.763-64

中国版本图书馆CIP数据核字（2011）第115952号

如有图书质量问题，请电话联系
湖南攀辰图书发行有限公司
地　　　址：长沙市车站北路236号芙蓉国土局B
　　　　　　栋1401室
邮　　编：410000
网　　　址：www.penqen.cn
电　　话：0731-82276692　82276693

出版发行：辽宁科学技术出版社
　　　　　（地址：沈阳市和平区十一纬路29号　邮编：110003）
印 刷 者：湖南新华精品印务有限公司
经 销 者：各地新华书店
幅面尺寸：185 mm × 210 mm
印　　张：9
字　　数：40千字
出版时间：2011年9月第1版
印刷时间：2011年9月第1次印刷
责任编辑：卢山秀　众　合
摄　　影：郭　力
封面设计：天闻·尚视文化
版式设计：天闻·尚视文化
责任校对：合　力

书　　　号：ISBN 978-7-5381-7025-2
定　　价：24.80元
联系电话：024-23284376
邮购热线：024-23284502
淘宝商城：http://lkjcbs.tmall.com
E-mail：lnkjc@126.com
http://www.lnkj.com.cn
本书网址：www.lnkj.cn/uri.sh/7025

目录

CONTENTS

镂空无袖衫

做法：P073~P074

第一章

WU XIU SHAN

无袖衫

搭配指数

★★★★

镂空的设计使毛衫呈现出别样活力，清爽的无袖设计，搭配短裙或长裤，带给人干练的感觉。

修身无袖衫

做法：P075~P076

适合体型：高挑体型，苗条体型。
适合场合：逛街，上班，访友。

搭配指数
★★★★

////// 时尚的大V领设计，修身的款式，使这件毛衫十分美观，纽扣和项链的点缀是此款的亮点。

005

公主肩带裙

做法：P077~P078

适合体型：高挑体型，苗条体型。
适合场合：逛街，郊游，约会。

搭配指数

⭐⭐⭐⭐⭐

 可爱的公主裙款式，纯净的颜色，小波浪状的裙摆精致可人，小肩带的设计使你更甜美迷人。

无袖衫

006

V领无袖衫

做法：P079~P080

适合体型：**高挑体型，苗条体型。**
适合场合：**逛街，郊游，访友。**

搭配指数
★★★★

清新优雅的款式，朴素简约的风格，美丽的镂空花边，展现质朴之美。V领的设计又不失小女人风味，实在是一件百搭单品！

镂空吊带衫

做法：P081~P082

适合体型：娇小体型，苗条体型。
适合场合：逛街，郊游，约会。

搭配指数
★★★★

轻柔的毛线，素雅的色彩，让你感受丝丝凉意。绝美的镂空钩花，带来不同的美感。

无袖衫

008

古典风韵短装

做法：P083~P084

适合体型：高挑体型，苗条体型，娇小体型。
适合场合：逛街，上班，访友。

搭配指数
★★★★

端庄、优雅的款式设计，中间纽扣的点缀恰到好处地展现出女性古典风韵的美。

魅力吊带衫 做法：P085~P086

适合体型：高挑体型，苗条体型，娇小体型。
适合场合：逛街，上班。

搭配指数
★ ★ ★ ★

宽松领口的黑色吊带装，神秘中透出时尚的气息，搭配一条项链，魅力增加不少。

民族风情无袖衫

做法：P087~P089

适合体型：高挑体型，苗条体型。

适合场合：逛街，郊游，访友。

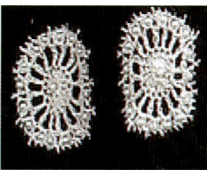

搭配指数

★★★★

漂亮的图形图案、极具格调的色彩，加上个性的款式造型，让衣服充满了浓郁的民族风。

精致无袖衫

做法：P090~P091

适合体型：高挑体型，苗条体型。
适合场合：逛街，上班，访友。

搭配指数
★★★★

纯黑的色彩，个性的肩带设计，凸显精致女人的高贵与妩媚，领口类似钻石的点缀使这款毛衣颇有时尚感。

束腰无袖衫

做法：P092~P093

适合体型：高挑体型，苗条体型，微胖体型。
适合场合：逛街，访友。

搭配指数
★★★★

宽大的领口让你露出锁骨，显得十分性感，加上个性印花，让你更加抢眼。

时髦无袖衫

做法：P094~P095

适合体型：高挑体型，苗条体型。
适合场合：居家，郊游，访友。

搭配指数
★★★★

宽松的领口、个性的印花都能为你
吸引不少目光，独特的后背交叉开襟设计，让
人眼前一亮。

浪漫无袖衫

做法：P096~P097

适合体型：娇小体型，苗条体型。
适合场合：逛街，居家，运动。

搭配指数
★★★★

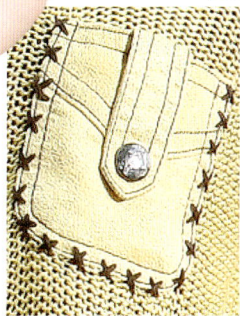

大V领设计露出性感锁骨，胸前两个口袋的点缀十分可爱。

秀美吊带装

做法：P098~P099

适合体型：高挑体型，苗条体型。
适合场合：逛街，约会。

搭配指数
★ ★ ★ ★

低调的灰色、性感的吊带，加上镂空花纹和纽扣的点缀，让你散发出小女人的味道。

白色钩花衫

做法：P100~P101

适合体型：娇小体型，苗条体型。
适合场合：逛街，郊游，访友。

搭配指数
★★★★

精致的镂空钩花，百搭的白色，给人以文静之美，纽扣的点缀使毛衣更有立体感。

交叉开襟装

做法：P102~P103

适合体型：高挑体型，苗条体型。
适合场合：逛街，郊游，访友。

搭配指数
★★★★

清新怡人的色调，凉爽透气的款式，必定在夏日带给你丝丝清凉。搭配一条小项链更显迷人！

花样吊带衫

做法：P104~P105

适合体型：娇小体型，苗条体型。
适合场合：逛街，郊游，访友。

搭配指数
★★★★

无需华丽的装饰，没有鲜艳的颜色，清新淡雅的吊带衫随着精美的钩花展现一种别样魅力。

优雅无袖衫

做法：P106~P107

适合体型：高挑体型，苗条体型。
适合场合：逛街，郊游。

搭配指数
⭐⭐⭐⭐

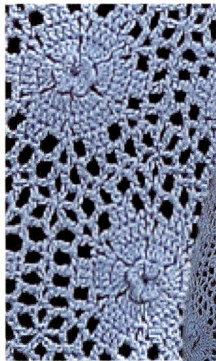

///// 天蓝色的色调，新颖的设计和精致的花纹融合在一起，让衣服有与众不同的感觉，十分舒服。

网眼无袖衫

做法：P108~P109

适合体型：高挑体型，苗条体型。
适合场合：郊游，访友。

搭配指数
★★★★

性感的V领，时尚的镂空网眼花样，无不渗透出女人靓丽迷人的气息。

复古钩花无袖衫

做法：P110~P111

适合体型：娇小体型，苗条体型。
适合场合：逛街，郊游，约会。

搭配指数
★★★★

精致复古的编织花样给人古典美的感觉，而无袖的设计则增添了新的活力，更能展示出女性独特的魅力。

活力肩带装

做法：P112~P114

适合体型：高挑体型，苗条体型，娇小体型。
适合场合：郊游，访友。

搭配指数
★★★★★

清新淡雅的色彩，精美的镂空花样设计，让你活力十足。

适合体型：高挑体型，苗条体型。
适合场合：逛街，郊游，访友。

搭配指数
★★★★

热情的红色，配上精心钩织的花样，展现出了现代女性自信和开放的面貌。

红色镂空短袖衫

做法：P118~P119

第二章

DUAN XIU SHAN

短袖衫

搭配指数
★★★★

简洁的设计风格，显露出轻松的休闲风，鲜艳的色彩，十分惹眼。

靓丽条纹短袖衫

做法：P120~P121

适合体型：高挑体型，苗条体型。
适合场合：郊游，访友。

搭配指数
⭐⭐⭐⭐

"条纹"这个永不褪色的流行元素，持久地活跃在时尚界的潮流中，红色调的条纹衫带给人无限的活力。

时尚拼色衫 做法：P122~P123

适合体型：高挑体型，苗条体型。
适合场合：逛街，郊游，访友。

搭配指数
★★★★

不拘一格的大色块拼色设计，独特的图案装饰，穿上它让你别具一格。

烂漫短袖衫

做法：P124~P125

适合体型：高挑体型，苗条体型。
适合场合：逛街，郊游，约会。

搭配指数
★★★★

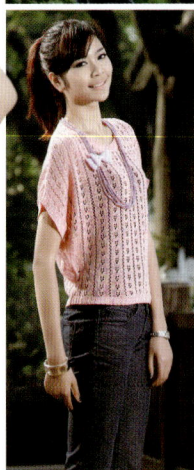

淡淡的粉色和镂空的花纹设计，能带给人烂漫甜美的气息，是"美眉"们约会的首选。

妩媚短袖衫

做法：P126~P127

做法：P126~P127

适合体型：高挑体型，苗条体型。
适合场合：逛街，郊游，访友。

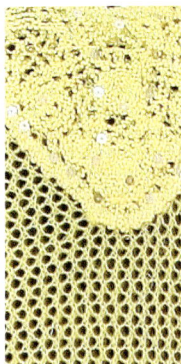

搭配指数

★★★★

手工镂空织花的造型衬托出女人的神秘气息，搭配上明媚的黄色更给人难以抗拒的诱惑。

时尚流苏短袖衫

做法：P128~P129

适合体型：娇小体型，苗条体型。
适合场合：逛街，郊游，访友。

搭配指数
★★★★

黄色的毛线，配上精心设计的流苏，让简单的款式更多了一份时尚。

风情无袖衫

做法：P130~P131

适合体型：高挑体型，微胖体型。
适合场合：逛街，郊游，访友。

搭配指数
★★★★

宽松的款式，加上设计独特的花样，整体都透着欧美服饰的大气，让爱好时尚的你风姿绰约。

可爱连帽短装

做法：P132~P133

适合体型：娇小体型，苗条体型。
适合场合：郊游，居家。

搭配指数
★★★★

紧身的短装特别能显身材，碎花的点缀看起来十分可爱。

轻盈短袖开衫

做法：P134~P135

适合体型：娇小体型，苗条体型。
适合场合：逛街，郊游。

搭配指数
★★★★★

柔软轻盈的毛线选料，自然随性的搭配风格，这样的开襟衫，定让你在享受美的同时又感觉无比舒适惬意。

知性短袖衫

做法：P136~P137

适合体型：高挑体型，微胖体型。
适合场合：居家，访友。

搭配指数
★★★★

小V领、淡雅的素色、简约的设计，使你时刻散发着知性美，波浪纹更丰富了毛衣的层次。

怀旧条纹短袖衫

做法：P138~P139

适合体型：高挑体型，苗条体型。
适合场合：郊游，访友。

搭配指数
★★★★

单色条纹一向以经典著称，蓝加白的法式浪漫也令人怀念，把它们简单地搭配在一起，显得大方、高贵。

清纯高腰短袖衫

做法：P140~P142

适合体型：高挑体型，苗条体型，丰满体型。
适合场合：逛街，郊游。

搭配指数
★★★★

纯色的吸引，菱形花纹的装饰，令你更加清纯、可爱。

休闲蝙蝠衫

做法：P143~P145

适合体型：高挑体型，苗条体型。
适合场合：逛街，郊游，居家。

搭配指数
★★★★

keily
swerter

宽松的蝙蝠衫最能显现随性的特质，配上黑色珠链，使你立即变身潮人。

甜美公主装

做法：P146~P147

适合体型：高挑体型，微胖体型。
适合场合：居家，访友。

搭配指数
★★★★

荷叶边的衣袖和接近肤色的颜色衬出女性的优雅气质，非常惹人喜爱。

白色V领短袖衫

做法：P148~P149

适合体型：高挑体型，微胖体型。
适合场合：逛街，上班。

搭配指数
★★★★

纯白的颜色，干净清爽，内搭黑色裹胸，既经典又不乏时尚气息。

休闲条纹女装

做法：P150~P151

适合体型：高挑体型，苗条体型。
适合场合：居家，郊游，运动。

搭配指数
★ ★ ★ ★

简约的款式设计，经典的黑白条纹，可搭配项链或手链。

创意短袖衫

做法：P152～P153

适合体型：高挑体型，微胖体型。
适合场合：居家，郊游，访友。

搭配指数
⭐⭐⭐⭐

简约的款式，搭配个性的飘带配饰，让喜欢简单的你也可以拥有一个不一样的夏天。

041

清爽大披肩 做法：P154~P155

适合体型：娇小体型，苗条体型。
适合场合：逛街，约会，访友。

大气的开襟设计，精致的钩花装饰，是逛街、约会的不错选择，里面加一件可爱小吊带，下身可随意配条牛仔短裤或休闲中长裤。

搭配指数
★★★★

飘逸大披肩

做法：P155~P156

适合体型：高挑体型，苗条体型。
适合场合：逛街，郊游，约会。

搭配指数
★★★★

■■ ////// 明亮的颜色、镂空的图案，加上下摆飘逸的线条修饰，一个优雅贤淑的形象跃然而生，搭配一条修身牛仔裤或者淑女裙都是很惹眼的。

碎花镂空衫

做法：P157~P158

适合体型：高挑体型，娇小体型。
适合场合：居家，郊游，访友。

搭配指数
★ ★ ★ ★

精致的镂空图案显得清新可爱，配一条休闲毛衣链和低腰牛仔裤，更凸显你的气质和品位。

圆点镂空衫

做法：P159~P160

适合体型：微胖体型，高挑体型。
适合场合：约会、聚会。

搭配指数
★★★★

镂空设计增加了短衫的性感指数，而大圆网眼让你显得坦率而大气，配上带小图案的吊带，下面穿一条低腰个性牛仔裤，你就是人群中最炫的那个。

淑女小开衫　做法：P161~P162

适合体型：娇小体型，苗条体型。
适合场合：逛街，郊游。

搭配指数
★ ★ ★ ★

甜美的粉红色，恬静、可人，里面穿一件浅色的小吊带，配一个休闲布包包一定让你更加美丽动人。

个性小吊带

做法：P163~P164

适合体型：丰满体型，高挑体型。
适合场合：约会，逛街。

搭配指数
★★★★

黑灰色系的巧妙搭配、松散的设计让小吊带透出休闲的气息，里面搭件个性小裹胸，或者再搭条超短迷你裤，都是不错的选择。

明亮短袖衫

做法：P165~P167

适合体型：苗条体型，高挑体型。
适合场合：逛街，郊游。

搭配指数
★★★★

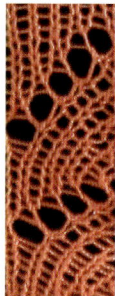

明亮鲜艳的色彩打造出青春活力的丽人形象，搭配小吊带和休闲牛仔裤，会装扮出一个靓丽的自己。

系带小披肩

做法：P168~P170

适合体型：娇小体型，苗条体型。
适合场合：宴会、郊游。

搭配指数
⭐⭐⭐⭐

华丽又个性的披肩，系带的巧妙设计带给人无限想象空间，内搭一条浅色毛衣提升了整体层次感。

恬静镂空衫

做法：P170~P172

适合体型：微胖体型，高挑体型。
适合场合：逛街，约会。

搭配指数
★★★★

白色给人纯洁的印象，镂空设计带
有神秘色彩，两种元素的融合，打造了一个优
雅恬静的形象，搭配一条牛仔裤更是提升了整
体效果。

迷人镂空装

做法：P172~P173

适合体型：微胖体型，高挑体型。
适合场合：逛街，约会。

搭配指数
⭐⭐⭐⭐

白色网眼的设计十分大气，浅绿色的钩花装点其中，里面可搭配一件休闲小吊带，让你温婉迷人。

高腰吊带长衫

做法：P174~P175

搭配指数
★★★★★

独具匠心的吊带背心设计，让流行感与淑女风合二为一，菱形图案点缀其间，细节之处散发时尚。

红色无袖长衫

做法：P176~P178

适合体型：高挑体型，苗条体型。
适合场合：运动，访友，居家。

搭配指数
★★★★

红色是代表激情和运动的颜色，镂空的设计有一种轻盈的感觉，搭配黑色的打底衫提升你夏日的活力。

波浪花纹长衫

做法：P179~P180

适合体型：苗条体型，娇小体型。
适合场合：逛街，约会，居家。

波浪纹的设计加上经典的颜色搭配让你看起来自然清新，百搭的风格让你不用为配装发愁。

搭配指数
★★★★

长毛衫

054

横条纹针织衫

做法：P180~P182

适合体型： 高挑体型，苗条体型。
适合场合： 逛街，访友，居家。

搭配指数
★★★★

简约的款式设计，十分抢眼的相间横条纹装饰，大气、自然，下身搭配紧身裤更能凸显身材。

黑白条纹长衫

做法：P182~P183

适合体型：高挑体型，苗条体型。
适合场合：逛街，求职。

搭配指数
★★★★

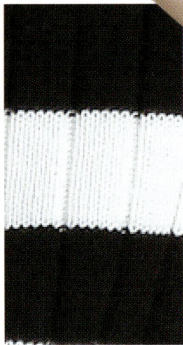

经典的黑白条纹配，修身的半裙设计，无论是搭配紧身长裤还是黑色丝袜都能体现女性的曼妙身姿。

清纯条纹长衫

适合体型：苗条体型，微胖体型。
适合场合：逛街，访友，约会。

搭配指数
★★★★

衣袖的设计给人一种可爱的感觉，不管是衣服上的项链还是衣角的褶皱，都会让人觉得可爱加倍。

荷叶领长衫

做法：P186~P187

适合体型： 高挑体型，苗条体型，丰满体型。
适合场合： 逛街，居家，访友。

搭配指数
★★★★

个性的卡其色，轻巧的衣身设计，加上细致的镂空条纹，感觉十分的优雅、轻盈，搭配上舒适的休闲长裤让你更加靓丽。

褶皱边长裙

做法：P188~P189

适合体型：苗条体型，高挑体型。
适合场合：逛街，访友。

搭配指数
★★★★

细腻的针织，轻盈的褶皱裙摆，高腰的款式能体现出女性的端庄、高雅。

休闲透气长衫

做法：P190~P192

适合体型：高挑体型，微胖体型。
适合场合：逛街，访友。

搭配指数
★★★★

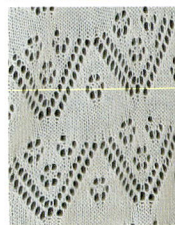

温暖的色调加上不规则圆形网眼的
设计式样，简洁又不落俗套，增添了一份随性
与洒脱。

素雅连衣长裙

做法：P193~P194

适合体型：高挑体型，苗条体型。
适合场合：逛街，访友，家居。

搭配指数
★★★★

简约的衣身设计，只有简单的竖条纹装饰，却呈现出自然、大方的效果，搭配黑色底衣、深色长裤感觉非常不错。

华丽针织衫

做法：P194~P196

适合体型：高挑体型，苗条体型。
适合场合：居家，访友。

搭配指数
★★★★

独特的裙摆设计，加上胸前点缀的特色亮片，穿在身上让人感觉时尚靓丽，再配上一件黑色短外套让人觉得更有魅力。

长毛衫

062

可爱公主裙

做法：P196~P198

适合体型：微胖体型，高挑体型。
适合场合：逛街，居家，约会。

搭配指数
★★★★

镂空花边的公主裙设计，适合喜欢可爱打扮的女生。搭配黑色的底衣、浅色的休闲裤更添甜美的感觉。

棕色成熟长裙

做法：P198~P200

适合体型：苗条体型，高挑体型。
适合场合：逛街，访友。

搭配指数
★★★★

棕色基调的长裙，有着成熟和睿智的内涵，适合搭配个性项链。

长毛衫

064

魅力无袖长装

做法：P200~P203

适合体型：高挑体型，苗条体型。
适合场合：逛街，访友，居家。

搭配指数
★★★★

黑色的无袖针织长衫稳重、神秘，镂空的设计透着性感，搭配一条项链可增加活力。

蓝色V领装

做法：P203~P204

适合体型：娇小体型，微胖体型。
适合场合：访友，郊游。

搭配指数
★★★★

纯净的天蓝色让人心情舒畅，双肩和裙摆的个性褶皱俏皮又可爱。

圆领束腰长衫

做法：P205~P206

适合体型：高挑体型，苗条体型。
适合场合：逛街，居家。

搭配指数
★★★★

性感的圆领，独具特色的两肩花式设计，个性十足，紧身的束腰凸显好身材。

清纯网格衫

做法：P207~P208

适合体型：苗条体型，微胖体型。
适合场合：逛街，访友。

搭配指数
★ ★ ★ ★

独特的镂空花样加上菱形的格子图案，充满青春气息，适合搭配格子纹百褶裙。

菠萝纹长衫

做法：P209~P210

适合体型：高挑体型，苗条体型。
适合场合：郊游，访友，居家。

搭配指数
★★★★

纯菠萝纹的设计、宽松的款式看起来是那么的清新自然，搭配一件紧身黑色底衣、一条深色长裤又能展示出迷人身材。

镂空圆领长衫

做法：P210~P212

适合体型：高挑体型，微胖体型。
适合场合：逛街，求职。

搭配指数
★★★★

镂空的大圆领让人看起来个性十足，宽松的造型能够掩藏腰部的赘肉，搭配黑色底衣和牛仔裤显得随性自然。

深色网格衫

做法：P212~P213

适合体型：高挑体型，苗条体型。
适合场合：郊游，访友。

搭配指数
★★★★

穿上通透感超强的黑色网眼衫让你十分
性感，可以利用叠穿来享受混搭的乐趣。

性感镂空长裙

做法：P214~P215

适合体型：高挑体型，微胖体型。
适合场合：逛街，访友，郊游。

搭配指数
★★★★

不规则的裙摆是此款的亮点，与衣身排列整齐的镂空花纹形成强烈的对比，十分漂亮！

制作图解

镂空无袖衫

【成品尺寸】衣长60cm 胸围80cm

【工具】5号棒针

【材料】棕黄色棉绒线200g

【密度】10cm²：13针×21行

【制作方法】二股线编织，背心由前、后片组成。

　　1.后片：起52针编织单罗纹针下边，然后开始按花样编织后片，共编织到38cm时开始袖窿加针。按结构图加针后，不加减针编织到68cm时减出后领窝，两肩部各余15cm。

　　2.前片：起52针编织单罗纹针下边，按花样编织前片，编织到38cm时同时进行袖窿加针、前衣领减针，按结构图减完针后收针断线。

　　3.缝合：沿边对应相应位置缝实。沿领窝起针挑织单罗纹针领边，缝好鸡心领边。

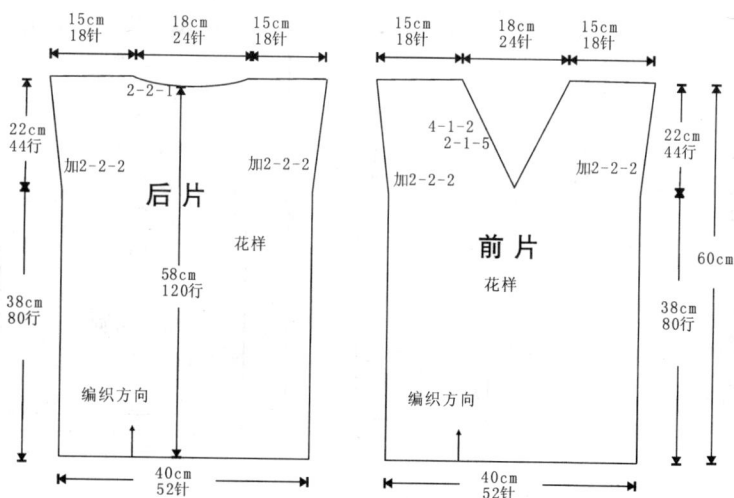

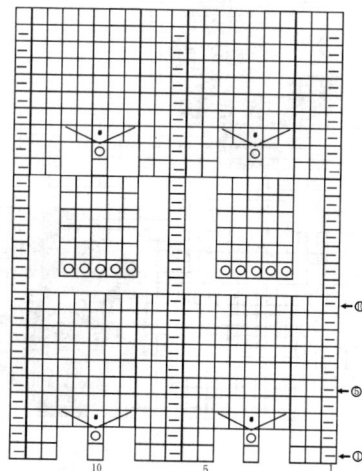

花样

【成品尺寸】衣长57cm　胸围96cm

【工具】10号棒针

【材料】灰色丝棉线140g　黑色丝棉线60g

【密度】$10cm^2$：31针×40行

【附件】缎质布料

【制作方法】单股线编织，背心由前、后片组成。

　　1.后片：灰色线起148针下针双层边，编织下针后片，不加减针织30cm时，两侧按结构图所示开始袖窿减针，袖窿完成减针后不加减针编织到肩部，收针断线，肩部余100针。

　　2.前片：灰色线起148针下针双层边，编织2行，然后配色编织花样前片，织30cm后袖窿减针，身长织34cm时进行前领窝减针，按图所示完成减针后编织至肩部收针，肩部余19针。

　　3.缝合：沿边将前、后片对应位置缝合，沿领窝、袖窿挑织下针双层边。在前衣领下方缝好用缎质布料制作的蝴蝶结装饰。

花样

■=黑色　□=灰色

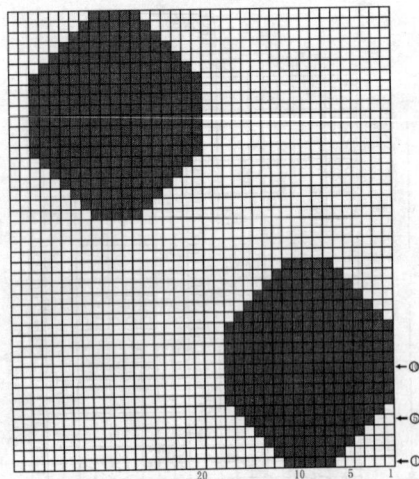

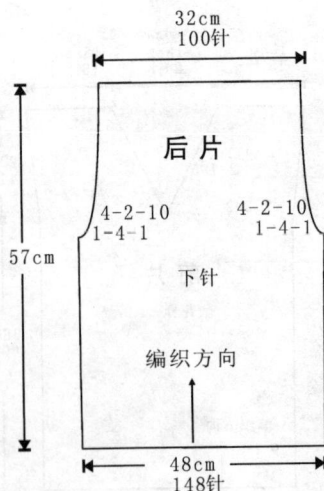

32cm
100针

后片

27cm
108行

4-2-10
1-4-1

4-2-10
1-4-1

下针

57cm

30cm
120行

编织方向

48cm
148针

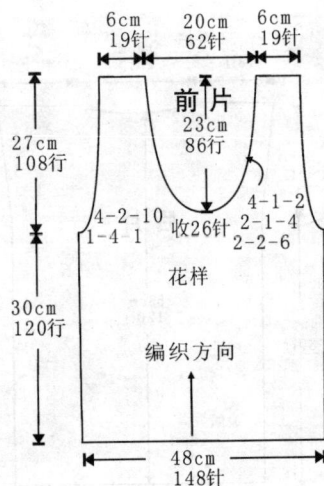

6cm
19针

20cm
62针

6cm
19针

前片
23cm
86行

4-2-10
1-4-1

收26针

4-1-2
2-1-4
2-2-6

花样

编织方向

48cm
148针

修身无袖衫

【成品尺寸】衣长87cm　胸围104cm　袖长6cm

【工具】7号棒针　5号钩针

【材料】橘红色棉绒线200g

【密度】10cm²：21针×25行

【制作方法】二股线编织，毛衣由前、后上下片，袖片缝合而成。

　　1.后片：起110针下针，织6行后，对折重叠合并编织成双层边，然后编织花样后下片，先织20cm，再开始两侧减针收腰，共织40cm后收针断线。起96针编织双罗纹针后上片，不加减针织25cm后两侧袖窿减针，按图减针后肩部余16针，后上片共织45cm后减出后领窝。

　　2.前片：用同样方法完成前片，前上片编织25cm后，同时进行前衣领、袖窿减针，按结构图减完针后，收针断线。

　　3.袖片：起100针，按花样2编织装饰袖片，两侧减针共织6cm，收针断线。共完成二片。

　4.缝合：先将上、下片对应缝合，再将前、后片对应相应缝实，将装饰袖片拿活褶后，沿袖窿缝实，沿领窝钩织装饰领边。

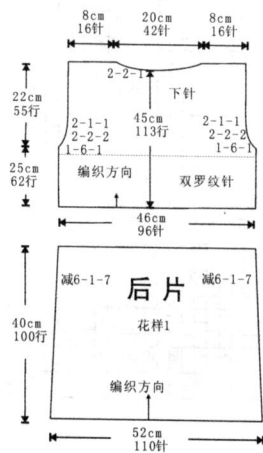

后片

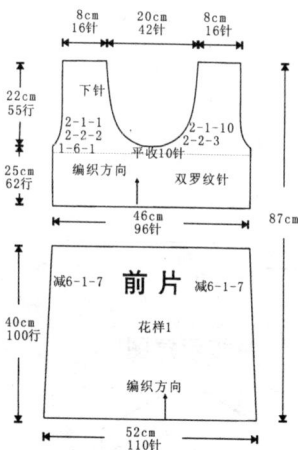

前片

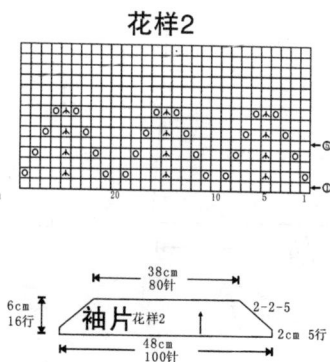

袖片　花样2

花样2

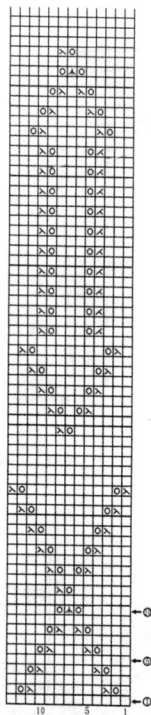

花样1

装饰边花样

【成品尺寸】衣长69cm　胸围94cm

【工具】7号棒针

【材料】驼紫色毛线420g

【密度】10cm² : 21针×25行

【附件】纽扣7枚

【制作方法】单股线编织，毛衣由上下单片拼接而成。

1.拼接片：起37针，不加减针编织花样单片拼接片，共织60行，完成四片，每二片分别与前、后片减针处拼接。

2.后片：起98针单罗纹针后，编织下针后片，编织到31cm时两侧同时减针，按图减针后余2针，收针断线。

3.前片：起98针单罗纹针后，编织下针前片，编织到25cm时中间平收21针，编织到31cm时两侧同时减针，收针断线。

4.缝合：将前、后片对接沿侧缝缝合，沿领窝挑织单罗纹针衣领边，肩部加出袖窿位置，袖窿的大小可根据个人需要确定。将领尖处衣领边对接缝合，缝合至拼接片位置，钉好纽扣。

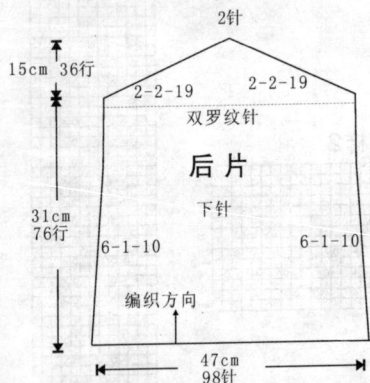

后 片　下针

2针

15cm 36行

2-2-19　　2-2-19

双罗纹针

31cm 76行　6-1-10　　6-1-10

编织方向

47cm 98针

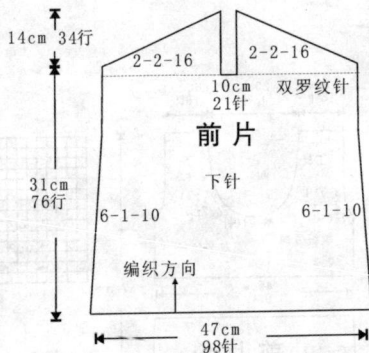

前 片　下针

14cm 34行

2-2-16　　2-2-16

10cm 21针　双罗纹针

31cm 76行　6-1-10　　6-1-10

47cm 98针

花样

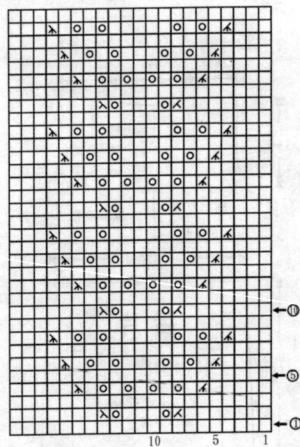

10　5　1

拼接片 花样

编织方向 ←

18cm 37针

24cm 60行

拼接示意图

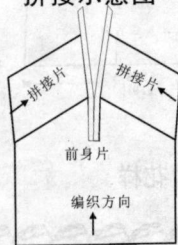

拼接片　拼接片

前身片

编织方向

公主肩带裙

【成品尺寸】衣长59.5cm　　胸围96cm

【工具】10号棒针

【材料】浅蓝色精纺绒线420g

【密度】10cm²：33针×44行

【制作方法】单股线编织，毛衣由前片、后片、肩带片及装饰片拼接而成。

1.后片：起316针编织花样边，织6cm后花样减针2针并1针，减为158针后编织下针后片，减针收腰，身长织52cm时，同时进行袖窿、后领减针，按结构图所示减针，收针断线。

2.前片：起60针编织花样边，织6cm后花样减针2针并1针，减为30针后编织下针前片，两侧加针编织，编至22cm时，两侧同时平加46针。至此，前片共158针，减针收腰，身长共织52cm时，同时进行袖窿、前领减针，按结构图所示减针，收针断线。

3.肩带片：起40针编织下针肩带片，不加减针织14cm，收针断线，完成2片。

4.装饰片：起92针编织前片装饰片，织6cm后花样减针2针并1针，减为46针后编织下针，共织10cm，收针断线。用同样方法共完成10条，但每2条尺寸相同，最下侧装饰片比最上侧装饰片长8cm，即每条从下到上递减2cm。

5.缝合：将装饰片叠加缝合后沿前片下侧加针处缝实，两侧缝合方法相同。将肩带两端拿活褶固定，连接前、后片缝实，再将前、后片缝合。

后片

26cm / 94针　平收38针　1-1-28　7.5cm / 32行
4-2-8 / 1-6-1　　4-2-8 / 1-6-1
下针
减12-1-10　　减12-1-10
59.5cm / 260行　　52cm / 228行
6cm / 24行　编织方向　48cm / 158针　花样减针
96cm / 316针

前片

26cm / 94针　平收38针　1-1-28　7.5cm / 32行
4-2-8 / 1-6-1　　4-2-8 / 1-6-1
下针
减12-1-10　　减12-1-10
编织方向
13cm / 46针　　13cm / 46针
52cm / 228行
22cm / 96行　加5-1-18 / 9cm / 30针　花样减针
18cm / 60针
48cm / 158针

装饰片

13cm / 46针　6cm / 24行　花样减针　花样　10cm / 44行
26cm / 92针

肩带片

14cm / 60行　编织方向　下针　11cm / 40针

花样

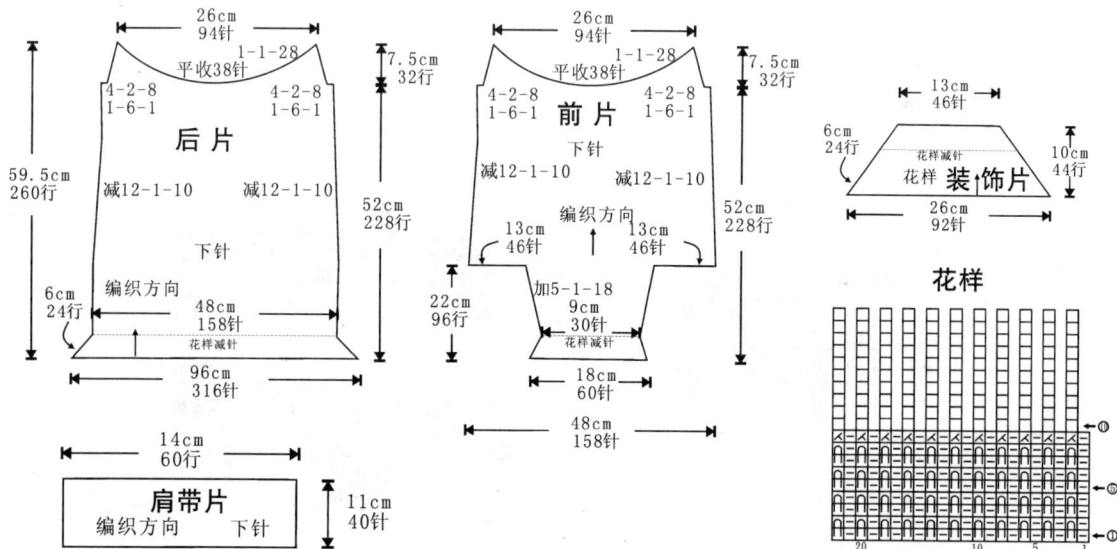

【成品尺寸】衣长20cm　胸围92cm

【工具】5号钩针

【材料】白色棉线140g

【制作方法】单股线钩编，背心由前、后片缝合而成。

　　1.后片：起46cm辫子针，向上钩织花样1后片，钩织8cm后两侧袖窿减针，按图减针后肩部余6cm，后片共织29cm时减出后领窝。

　　2.前片：从花样2圆心处向两侧钩织前片。先钩编中心12个圈心，向下起钩织花样2下侧，共8cm，完成后收针断线，另起针从圈心处向上钩织花样2上侧。两侧各减1个圈心针，共织12cm。

　　3.缝合：起针钩织花样2圆心花样肩带，共8个圆心长度，将前后片连接。

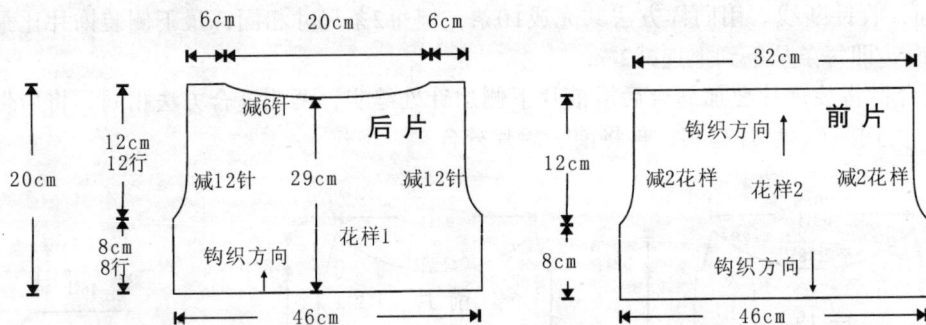

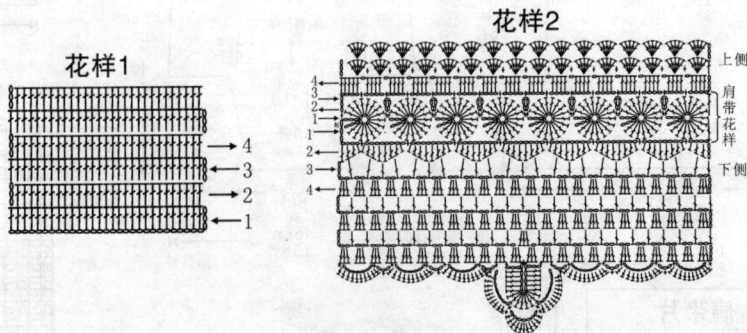

后片

6cm　20cm　6cm

20cm

12cm 12行

8cm 8行

减6针

减12针　29cm　减12针

钩织方向　花样1

46cm

前片

32cm

12cm

8cm

钩织方向

减2花样　花样2　减2花样

钩织方向

46cm

花样1

4
3
2
1

花样2

上侧

肩带花样

下侧

4
3
2
1
1
2
3
4

V领无袖衫

【成品尺寸】衣长53cm　胸围92cm

【工具】5号棒针　2.0mm钩针

【材料】奶白色丝棉线110g

【密度】$10cm^2$：13针×23行

【制作方法】二股线编织，背心由前、后片完成。

　　1.后片：起60针编织部分花样及下针后片，编织到35cm时两侧开始袖窿减针，身长共织到39cm时中间收针后减出后领窝，按结构图减完针后不加减针编织到肩部，肩部各余4针。

　　2.前片：起60针编织花样前片，编织到35cm时同时进行袖窿、前领窝减针，按结构图减完针后，收针断线。

　　3.缝合：沿边对应相应位置缝实，挑钩花样装饰领边、袖窿边。

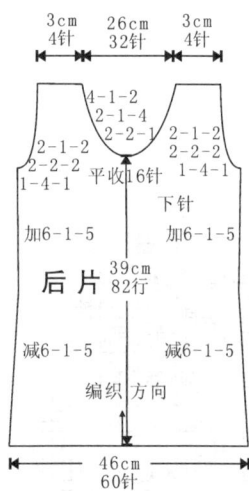

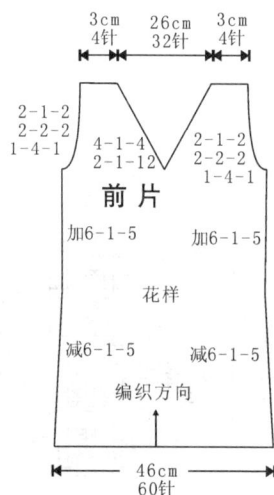

花样

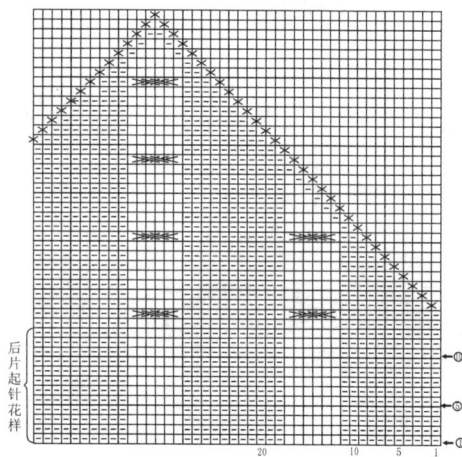

装饰边花样

【成品尺寸】衣长60cm　胸围88cm

【工具】5号棒针

【材料】白色棉绒线220g

【密度】10cm²：20针×20行

【附件】纽扣3枚

【制作方法】二股线编织，背心由前、后片组成。

　　1.后片：起20针横向编织花样1后片下摆，共织44cm后收针，从不加减针侧挑织花样3后片，织到27cm时两侧开始袖窿减针，不加减针编织到肩部，余46针。

　　2.前片：起20针横向偏织花样1下摆，共织22cm后收针，从不加减针侧挑织花样2前片，织到27cm时开始袖窿减针，另一侧同时进行领片加针，身长共织53cm时开始领片减针，织7cm，肩部余15针，用同样方法完成另一片前片，减针方向相反，留出扣眼位置。

　　3.缝合：完成后对应连接肩部、腋下缝合，沿领窝挑织花样4领片，挑织至前片领窝减针1/3处，缝好纽扣。

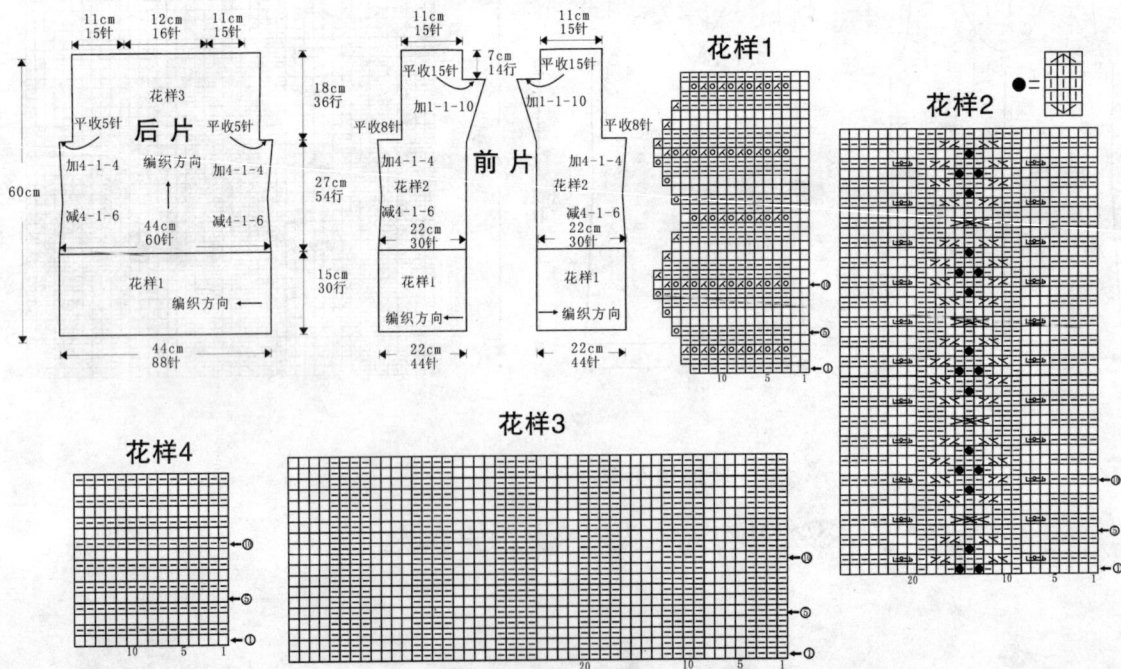

花样1

花样2

花样3

花样4

镂空吊带衫

【成品尺寸】衣长50cm 胸围92cm
【工具】2.0mm钩针
【材料】白色毛线200g
【制作方法】首先钩前片前中央，再钩左右网针，并拼接前中央和网针，接着钩前胸图解，然后用网针钩后片并拼侧缝，最后钩吊带、领口、袖口和下摆的花边。具体做法参照如下图解。

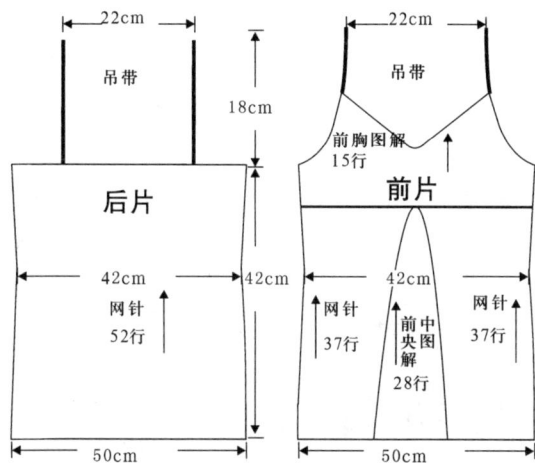

领口花边

吊带图样

下摆花边图解

前中央图解

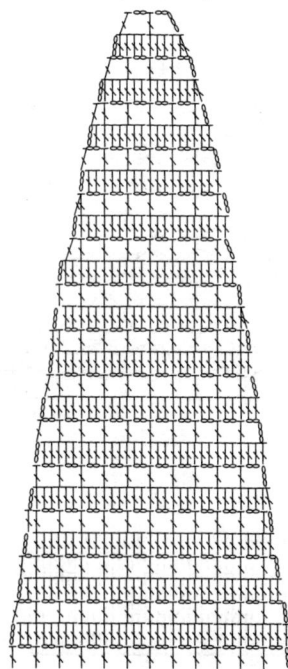

网针图解

前胸图解

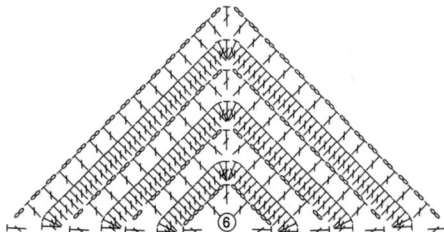

【成品尺寸】衣长50cm　胸围92cm

【工具】4号钩针

【材料】白色棉线150g

【制作方法】单股线编织，背心由前、后片组成。

　　1.后片：起46cm辫子针钩织花样1后上片，不加减针钩12cm后两侧袖窿减针，后片共钩15cm时减出后领窝，按图减针后，收针断线。另起针沿下边向相反方向钩织花样2后下片，不加减针钩22cm，最后一行钩织装饰花边。

　　2.前片：用同样方法完成前片，前片袖窿减针同时进行衣领减针，减针方法见图示。

　　3.缝合：将前、后片对应缝合，沿衣领边、袖窿边挑钩装饰花边，并钩织肩带，肩带长可自由调节。

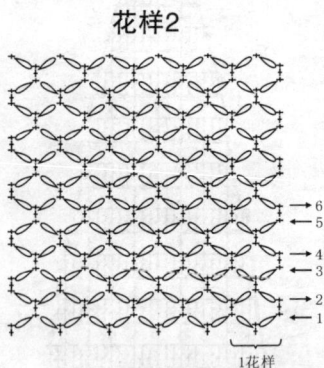

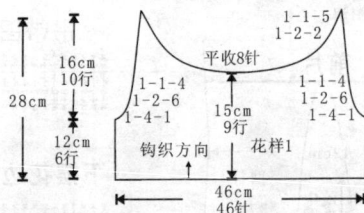

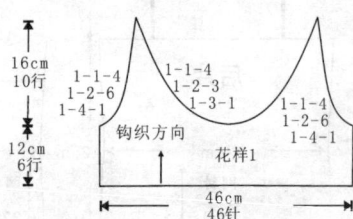

花样2

花样1

装饰边花样

082

古典风韵短装

【成品尺寸】衣长48cm　胸围96cm　袖长28cm

【工具】11号棒针

【材料】银丝浅蓝色交织线420g

【密度】10cm²：33针×45行

【附件】纽扣8枚

【制作方法】单股线编织，毛衣由前片、后片、袖片组成。

1.后片：起156针单罗纹针下边，编织下针后片，织至28cm时开始袖窿减针，按结构图减针到肩部。

2.前片：起94针单罗纹针边，编织下针前片，织至28cm时进行袖窿减针，织到43cm时开始前衣领减针，按结构图两侧减完针后收针断线，衣襟边随前片同织。用同样方法完成另一侧前片，一侧留出扣眼位置。

3.袖片：起108针编织单罗纹针，从袖口开始编织袖片，不加减针织8cm后开始袖山减针，按图所示减针后余12针，断线。用同样方法再完成另一片袖片。

4.缝合：将前、后片及袖片对应位置缝合。沿领窝挑织单罗纹针双层领边，钉好纽扣。

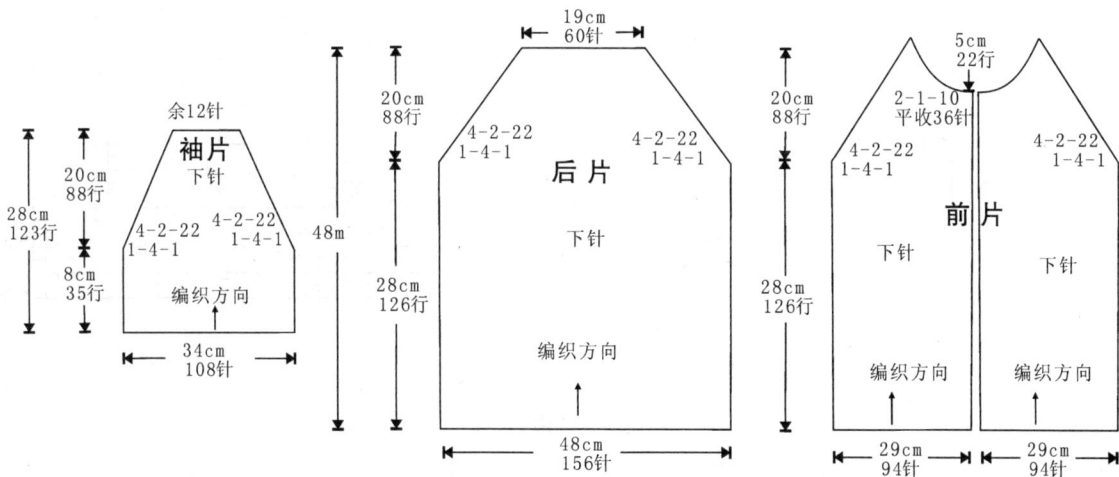

袖片

余12针

袖片
下针

4-2-22
1-4-1　　4-2-22
1-4-1

编织方向

28cm
123行
20cm
88行
8cm
35行

34cm
108针

后片

19cm
60针

20cm
88行

4-2-22
1-4-1　　4-2-22
1-4-1

后片
下针

编织方向

48m

28cm
126行

48cm
156针

前片

5cm
22行

20cm
88行

2-1-10
平收36针

4-2-22
1-4-1　　4-2-22
1-4-1

前片
下针　　下针

编织方向　　编织方向

28cm
126行

29cm
94针　　29cm
94针

【成品尺寸】衣长34cm　胸围96cm

【工具】7号棒针

【材料】白色竹纤维线200g

【密度】10cm²：21针×26行

【附件】纽扣5枚

【制作方法】三股线编织，毛衣由前、后片组成。

　　1.前、后片：起100针双罗纹针，编织下针后片，两侧加减针收腰，编织至27cm时两侧分别减出袖窿，身长共织34cm。用同样方法完成花样前片。

　　2.缝合：将前、后片缝合，沿袖窿挑织下针双层边。单独起160针编织双罗纹针肩带，不加减针织75cm，两端缝合后绕领窝沿边缝实。钉好装饰纽扣。

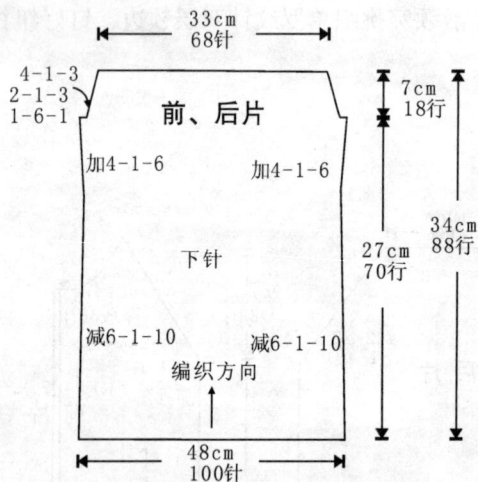

33cm
68针

4-1-3
2-1-3
1-6-1

前、后片

加4-1-6　　　　加4-1-6

7cm
18行

34cm
88行

下针

27cm
70行

减6-1-10　　　　减6-1-10

编织方向

48cm
100针

花样

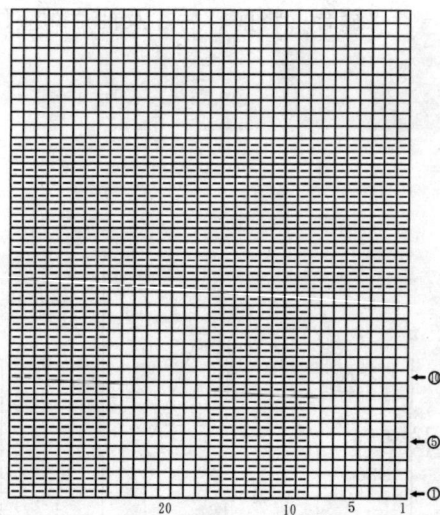

肩带片

双罗纹针　　　编织方向　↑

8cm
20行

75cm
160针

魅力吊带衫

【成品尺寸】衣长72cm　胸围92cm

【工具】10号棒针

【材料】黑色丝棉线200g

【密度】10cm²：32针×40行

【附件】纽扣7枚

【制作方法】二股线编织。背心由前片及装饰带组成。

1.前片：起74针双罗纹针边，编织下针前片，身长织30cm时开始袖窿减针，按结构图减完针后不加减针编织，身长共织37cm时进行前领减针，肩部余12针。衣边随前片同织，一侧留出扣眼位置，共完成2片。

2.装饰带：起20针编织单罗纹针装饰片，不加减针织35cm和25cm各2片。

3.袋片：起44针编织下针袋片，两侧加针编织，共织12cm，完成2片。

4.缝合：将前片对接在后领处缝合。将袋片在上下中间位置拿活褶后沿前片下边缝实。缝实装饰带，钉好纽扣。

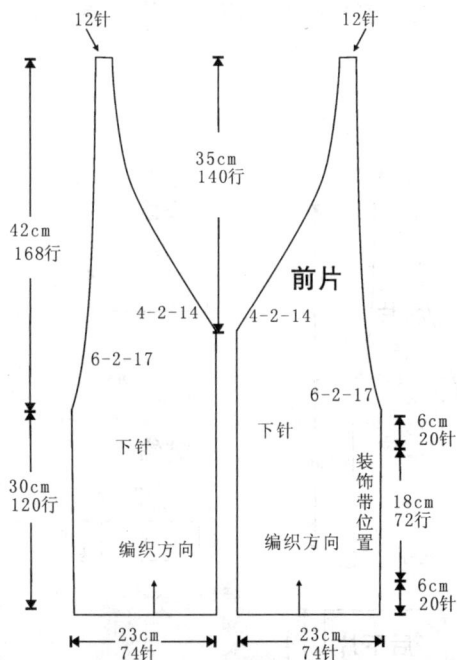

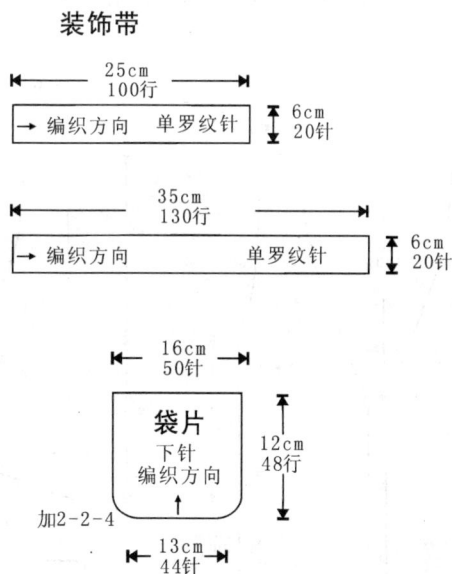

12针　　　　12针

35cm
140行

42cm
168行

4-2-14　　4-2-14

6-2-17

6-2-17

前片

下针　　　下针

装饰带位置

6cm
20针

18cm
72行

6cm
20针

30cm
120行

编织方向　　编织方向

23cm
74针　　23cm
74针

装饰带

25cm
100行

→ 编织方向　单罗纹针

6cm
20针

35cm
130行

→ 编织方向　　单罗纹针

6cm
20针

16cm
50针

袋片
下针
编织方向

12cm
48行

加2-2-4

13cm
44针

【成品尺寸】衣长60cm　胸围92cm

【工具】10号棒针

【材料】黑色丝棉线400g

【密度】$10cm^2$：32针×40行

【附件】纽扣7枚

【制作方法】二股线编织，背心由前、后片及装饰片组成。

　　1.前片：起74针下针编织前片，身长织31cm时先进行前领减针，织40cm时再开始袖窿减针，按结构图所示减针，身长共织66cm，肩部余22针。领边随前片同织，一侧留出扣眼位置。共完成2片。

　　2.后片：起2针，同侧加针编织下针后片，加至23cm，织11cm时先进行后领减针，织20cm时再开始袖窿减针，按结构图所示减针，身长共织46cm，肩部余22针。领边随前片同织，一侧留出扣眼位置。共完成2片。

　　3.后下片：起158针编织下针后下片，不加减针织15cm，收针断线。

　　4.袋盖片：起36针编织下针装饰袋盖片，不加减针织6cm，完成2片。

　　5.装饰片：起48针编织下针装饰片，不加减针织6cm，完成2片。

　　6.缝合：将前、后片对接缝合，后下片压在后片2cm处与前片缝合，将袋盖片、装饰片分别贴前片和后下片中心及后领缝合，钉好纽扣。

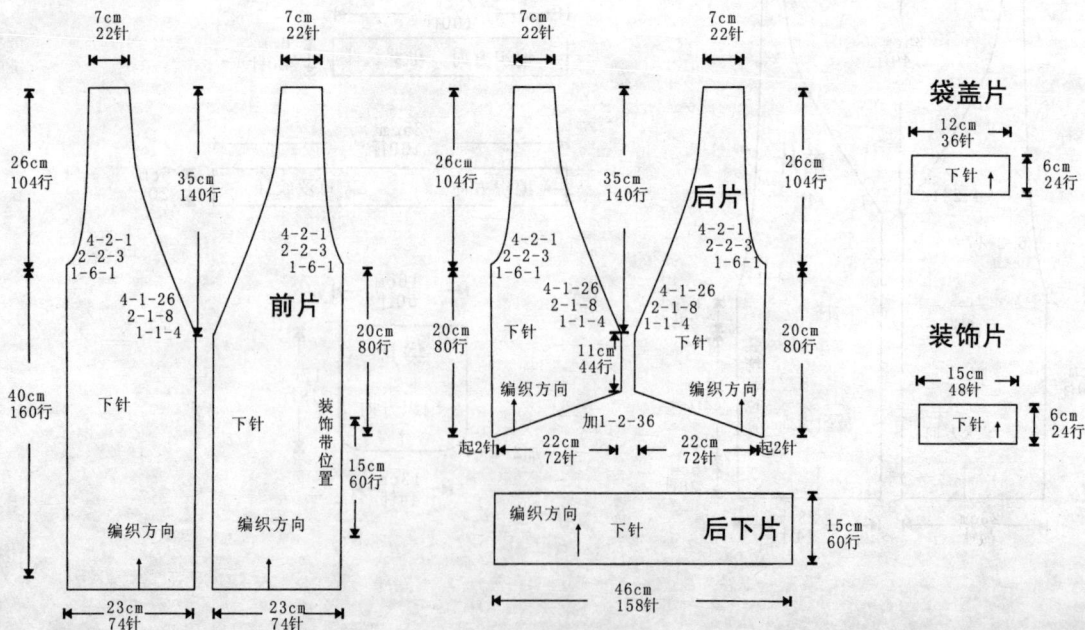

民族风情无袖衫

【成品尺寸】衣长56cm　胸围96cm

【工具】2.0mm钩针

【材料】杏色毛线200g

【制作方法】首先按照衣服结构图进行钩编。前片：先钩拼花，然后往上钩网针和胸花，往下钩三行扇形花样。后片：按照图解钩成片。领口和袖口：按照花边图解钩花边1行，具体做法参照如下图解。

后片X1

6cm　21cm　6cm

18cm

后片
后片图样
40行

38cm

48cm

前片X1

6cm　21cm　6cm

网针
32行 前片

拼花

三行扇形

48cm

三行扇形图解

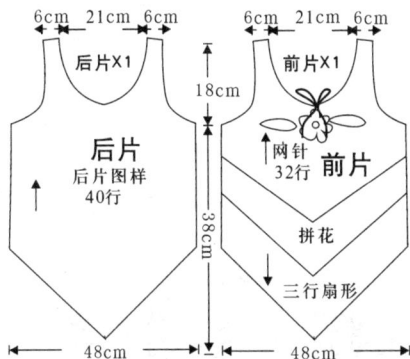

领口蝴蝶结图解

胸花图解

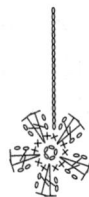

后片图样

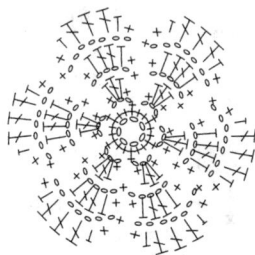

叶子2片

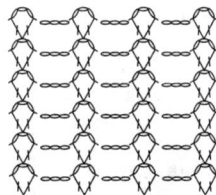

网针图解

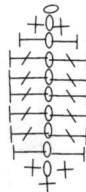

拼花图解

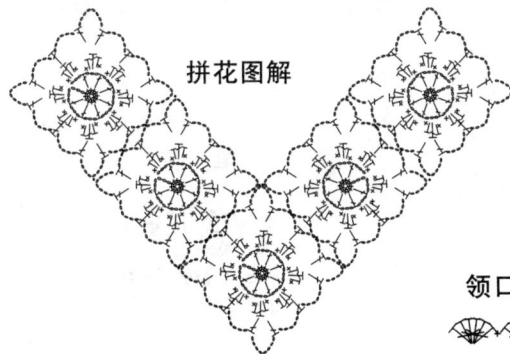

领口袖口花边图解

【成品尺寸】衣长48cm　胸围88cm

【工具】5号钩针

【材料】黑色丝光线150g　白色丝光线80g

【附件】珍珠288枚　纽扣5枚

【制作方法】单股线钩编，背心由前、后片组成。

　　1.后片：起44cm辫子针钩编花样后片，钩到24cm时按结构图开始袖窿减针。袖窿完成减针后不加减针编织到肩部，收针断线。

　　2.单元花1：白色线圈起钩织16针长针，第二圈钩16组1针长针1针辫子针，第三圈在辫子针内钩放3针长针，每3针长针加入1颗珍珠，第四圈黑色线钩16组3针玉米针，玉米针间由辫子针连接。完成18个。

　　3.单元花2：白色线圈起钩12组1针辫子针1针长针，第二圈钩12组5针辫子针1针长针，第三圈在每组辫子内钩短针，隔2组改钩1组5针扇形针。完成6个。

　　4.单元花3：钩织方法同单元花2，只是最后3组短针不钩，完成2个。

　　5.前片：将单元花按图示拼接完成前片。

　　6.沿边前、后片对接钩合。沿边用白色线钩织短针装饰，门襟边留出扣眼位置，缝好纽扣。

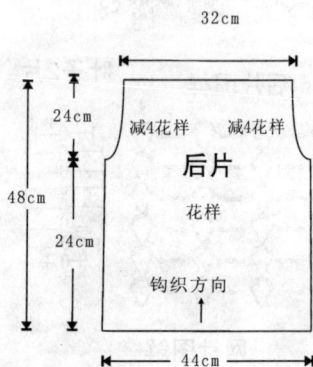

后片

减4花样　减4花样

花样

钩织方向

32cm
24cm
48cm
24cm
44cm

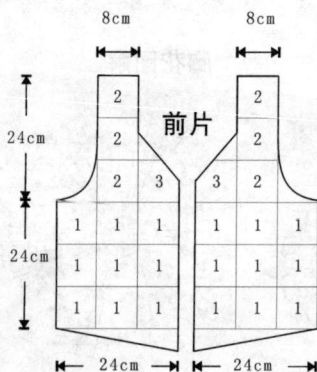

前片

8cm　8cm

24cm
24cm
24cm
24cm

花样

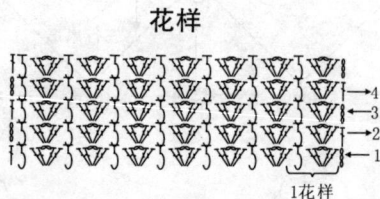

1花样

单元花1

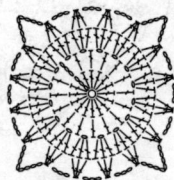

前片下角花样

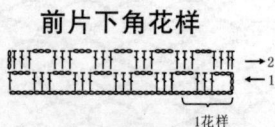

1花样

单元花2

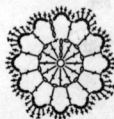

单元花3

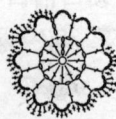

【成品尺寸】衣长56cm　胸围84cm

【工具】3mm钩针

【材料】红色线400g

【制作方法】1.前片：钩180针锁针，按图解1钩织。

2.后片：钩46针锁针，按图解2钩织，然后每片钩上缘编织。

3.吊带(两条)：钩156针锁针，按吊带图解钩织。

4.缝合：前片和后片摆缝缝合；上身片按前片图解缝合；缝上吊带，底边钩上缘编织。

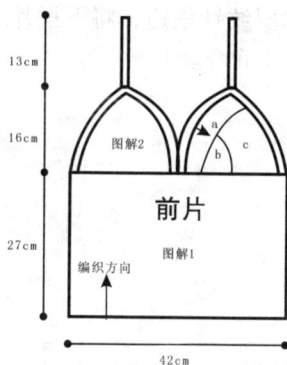

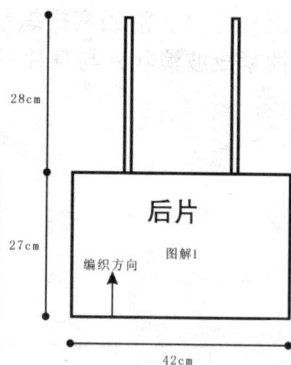

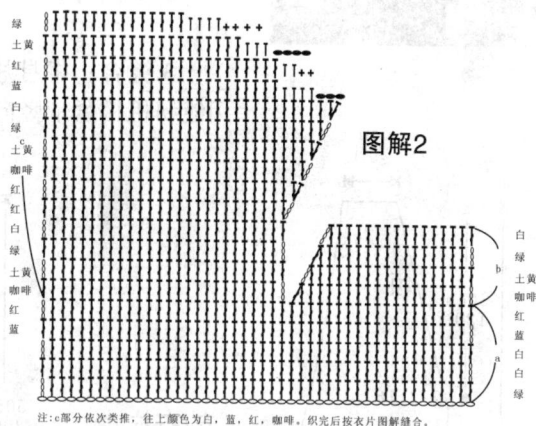

13cm
16cm
27cm

图解2

前片

图解1

编织方向

42cm

28cm

27cm

后片

图解1

编织方向

42cm

图解2

绿
土黄
红
蓝
白
绿
土黄
咖啡
红
白
绿
土黄
咖啡
红
蓝

白
绿
土黄
咖啡
红
蓝
白
白
绿

注：c部分依次类推，往上颜色为白，蓝，红，咖啡。织完后按衣片图解缝合。

吊带图解

图解1

红
咖啡
土黄
绿
白
蓝
蓝
绿白交叉
绿白交叉
咖啡
绿白交叉
绿白交叉
土黄
绿
蓝

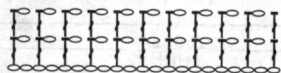

缘编织（衣服底边，前边上片两片）

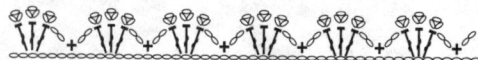

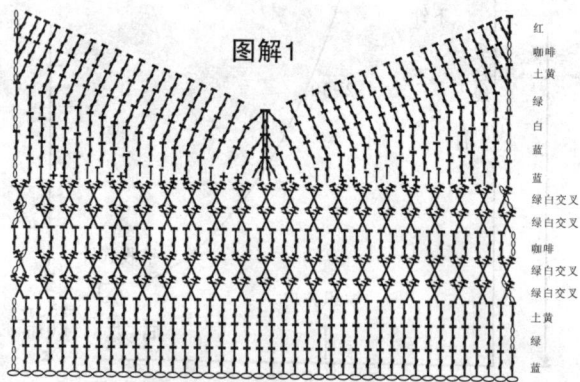

注：往上依次类推，中间并1针，到结尾就要放1针，以此针数保持一致，往上颜色依次为：红，蓝，白，绿，土黄，咖啡，红，蓝，蓝，白，绿，土黄，咖啡，红，蓝，白，绿，土黄，咖啡，红，蓝，白，绿，土黄，红，红。

精致无袖衫

【成品尺寸】衣长65cm　胸围100cm
【工具】11号棒针　缝纫机
【材料】黑色精纺绒线270g
【密度】10cm²：31针×40行
【附件】机用细松紧带
【制作方法】单股线编织，背心由左片、右片、下摆片组成。

　　1.左、右片：起156针单罗纹针边，然后编织下针单侧身片，不加减针织15cm，一侧平收40针后按图示减针，一侧不加减编织，不加减针织到35cm时开始前衣领减针，完成全部减针后肩部余20针。用同样方法完成另一身片。

　　2.下摆片：起310针编织下针下摆片，不加减针织50cm，完成2片。

　　3.缝合：将身片对接缝合，沿领窝挑织单罗纹针领边，将下摆片用缝纫机松紧带竖向抽紧成波浪状，与身片对接缝合。

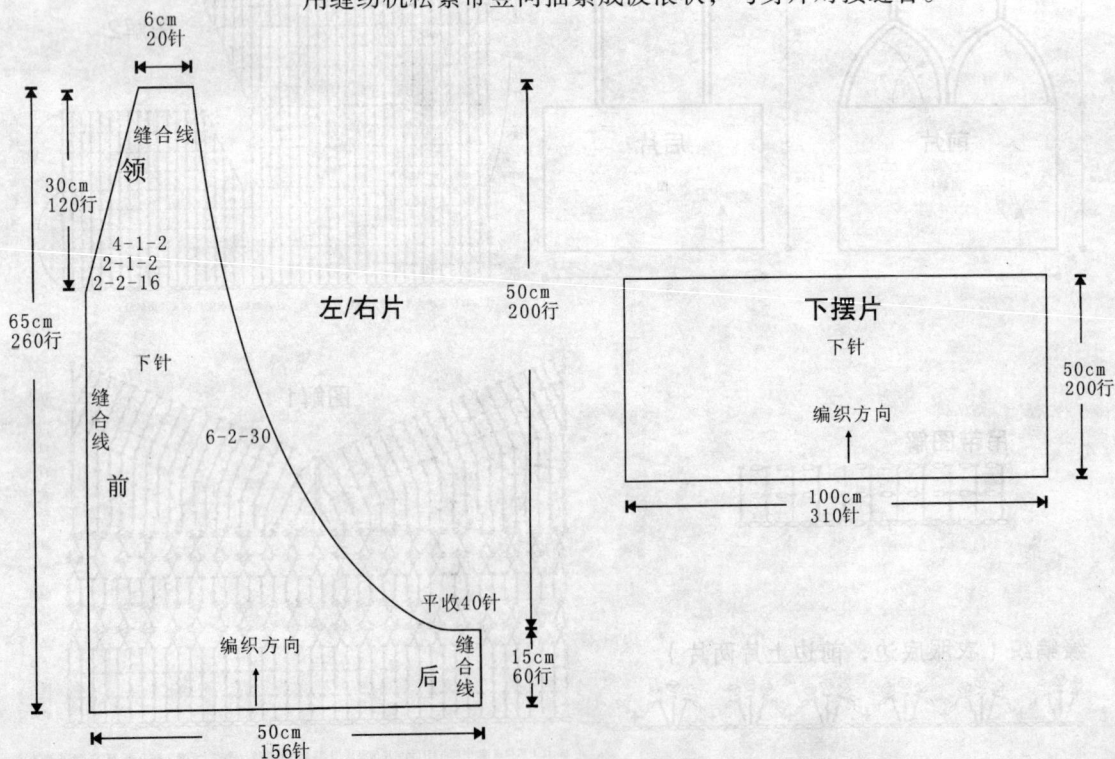

左/右片

6cm
20针

缝合线

领

30cm
120行

4-1-2
2-1-2
2-2-16

下针

6-2-30

65cm
260行

缝合线

前

编织方向

后

平收40针

缝合线

50cm
200行

50cm
156针

15cm
60行

下摆片

下针

编织方向

50cm
200行

100cm
310针

【成品尺寸】衣长79cm　胸围80cm

【工具】11号棒针

【材料】黑色丝光棉线270g

【密度】10cm² : 36针×43行

【附件】装饰亮片

【制作方法】单股线编织，吊带裙由裙片、前片、后片组成。

　　1.裙片：起176针编织下针裙片，减针收腰，收至144针，共织55cm后收针断线，完成2片。

　　2.前、后片：起144针编织下针前、后片，织10cm，两侧袖窿及衣领减针，按图减针，共编织24cm。

　　3.肩带片：起20针编织下针肩带，不加减针织66cm，完成2片。

　　4.缝合：先将上下身片对接缝合，再将前、后片缝合，将肩带片沿前后衣领缝实，肩带上缝好装饰亮片。

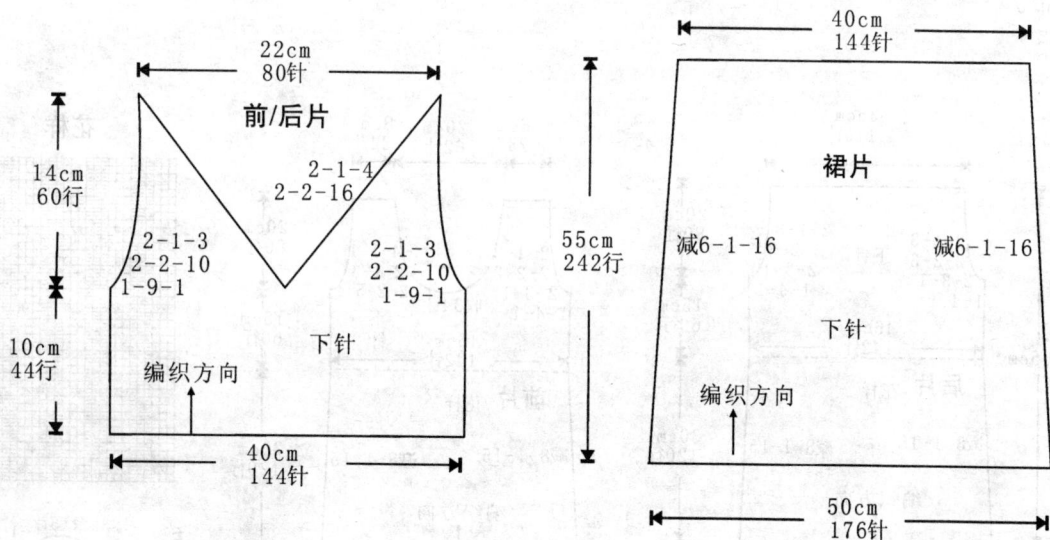

前/后片

22cm / 80针

14cm / 60行

2-1-4
2-2-16

2-1-3
2-2-10
1-9-1

2-1-3
2-2-10
1-9-1

下针

编织方向

10cm / 44行

40cm / 144针

裙片

40cm / 144针

55cm / 242行

减6-1-16　　　　减6-1-16

下针

编织方向

50cm / 176针

肩带片

66cm / 290行

→ 编织方向　　　下针

6cm / 20针

091

束腰无袖衫

【成品尺寸】衣长65cm　胸围112cm　袖长8cm

【工具】10号棒针

【材料】咖啡色金丝交织线320g

【密度】10cm²：31针×40行

【制作方法】单股线编织，短袖衣由前片、后片、袖片组成。

　　1.后片：起172针编织花样后片，两侧减针收腰，织到30cm时完成收腰减针并改为下针编织，织4行后留出腰带孔，身长共织45时两侧按结构图所示开始袖窿减针，袖窿完成减针后不加减针编织到肩部，收针断线。

　　2.前片：用同样方法完成前片，身长共织45cm时同时进行袖窿和前领窝减针，按图所示完成减针后编织至肩部收针，肩部余24针。

　　3.袖片：起82针编织花样袖山片，按图示两侧减针，共织8cm后收针断线，袖山余18针。

　4.缝合：沿边将各片对应位置缝合，挑织花样领边，花样变换处穿入单独编织的装饰腰带。

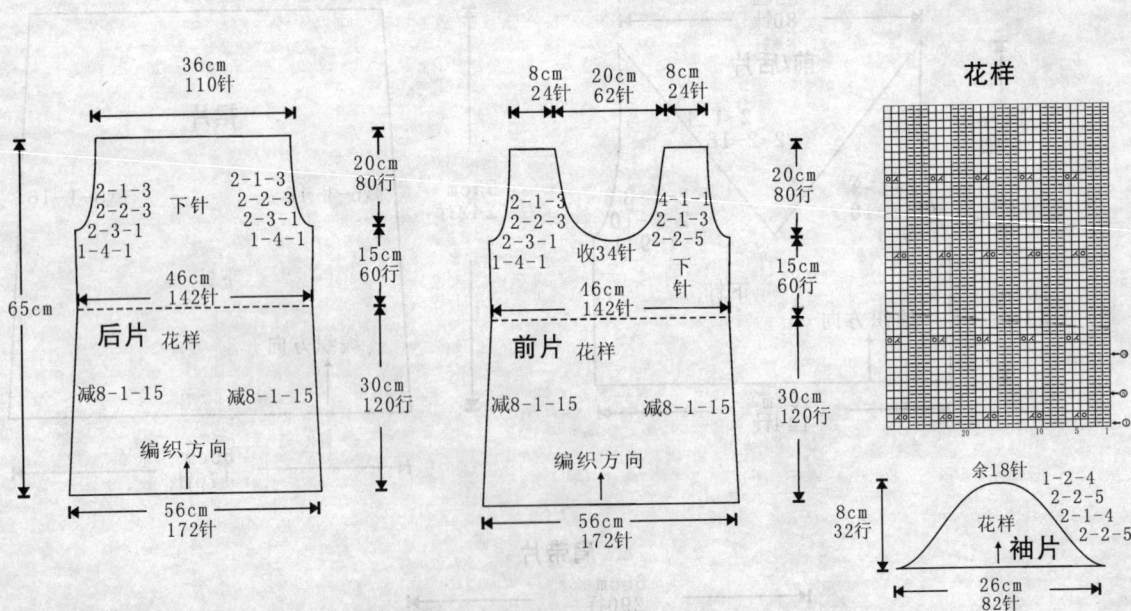

后片

- 36cm 110针
- 20cm 80行
- 2-1-3
- 2-2-3
- 2-3-1
- 1-4-1
- 2-1-3
- 2-2-3
- 2-3-1
- 1-4-1
- 下针
- 46cm 142针
- 15cm 60行
- 65cm
- 后片 花样
- 减8-1-15
- 减8-1-15
- 30cm 120行
- 编织方向
- 56cm 172针

前片

- 8cm 24针
- 20cm 62针
- 8cm 24针
- 20cm 80行
- 2-1-3
- 2-2-3
- 2-3-1
- 1-4-1
- 4-1-1
- 2-1-3
- 2-2-5
- 收34针
- 下针
- 46cm 142针
- 15cm 60行
- 前片 花样
- 减8-1-15
- 减8-1-15
- 30cm 120行
- 编织方向
- 56cm 172针

花样

袖片

- 余18针
- 1-2-4
- 2-2-5
- 2-1-4
- 2-2-5
- 8cm 32行
- 花样
- ↑ 袖片
- 26cm 82针

【成品尺寸】衣长75cm　胸围92cm

【工具】10号棒针

【材料】灰色竹炭棉540g

【密度】$10cm^2$：31针×41行

【附件】装饰亮片若干

【制作方法】单股线编织，短袖衣由前、后片组成。

　　1.后片：起142针双罗纹针边，两侧加减针编织下针后片，编织到55cm时两侧按结构图所示开始袖窿减针。袖窿完成减针后不加减针编织到肩部，身长共织到73cm时减出后领窝。收针断线。

　　2.前片：用同样方法完成前片，身长共织花样69cm时进行前领窝减针，按图所示完成减针后编织至肩部收针，肩部余19针。前片亮片在成品完成后逐片缝实，密度可以自由调节。

　　3.缝合：沿边将前、后片对应位置缝合，挑织下针双层领边及袖窿边。

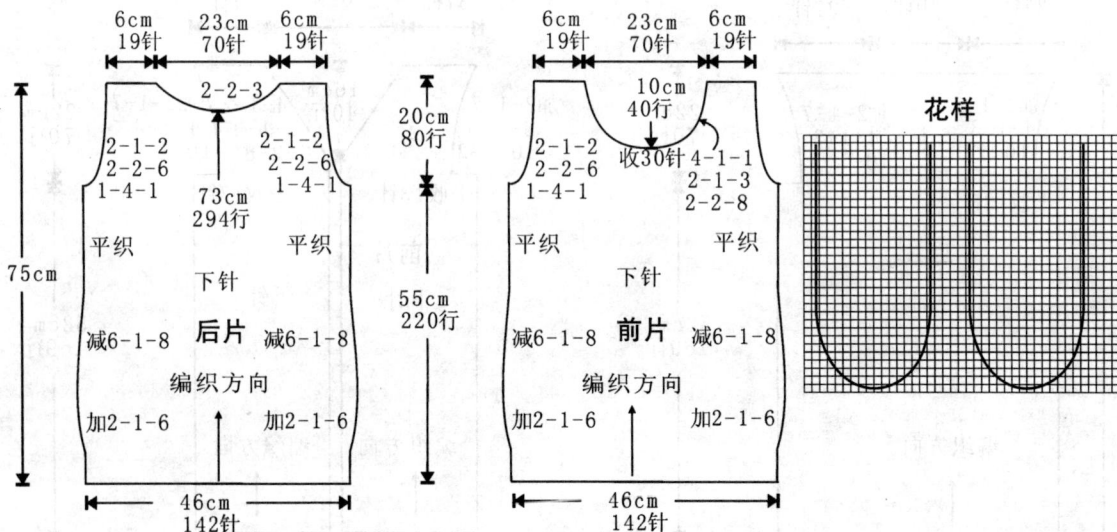

后片：

6cm 19针　23cm 70针　6cm 19针

2-2-3

2-1-2
2-2-6
1-4-1

2-1-2
2-2-6
1-4-1

73cm
294行

平织　平织

下针

后片

减6-1-8　减6-1-8

编织方向

加2-1-6　加2-1-6

46cm
142针

75cm

20cm
80行

55cm
220行

前片：

6cm 19针　23cm 70针　6cm 19针

10cm
40行

收30针

2-1-2
2-2-6
1-4-1

4-1-1
2-1-3
2-2-8

平织　平织

下针

前片

减6-1-8　减6-1-8

编织方向

加2-1-6　加2-1-6

46cm
142针

花样

时髦无袖衫

【成品尺寸】衣长74cm　胸围88cm

【工具】9号棒针　环形针

【材料】白色毛线620g

【密度】10cm^2：25针×32行

【附件】胶印画1幅　拉链1条

【制作方法】单股线编织，毛衣由前、后片组成。

　　1.后片：起110针编织双罗纹针边，然后编织下针后片，共编织到52cm时开始袖窿减加针，按结构图减加后编织到肩部，两肩部各余15cm。

　　2.前片：用同样方法编织58针下针前片，袖窿减加针后身长织到58cm时进行前领窝减针，按图示减针后肩部余15cm。用同样方法完成另一侧前片，减加针方向相反。

　　3.缝合：沿对应位置将前、后片缝合，挑织双罗纹针袖边，将袖边与袖窿在平收针处缝合。连续挑织下针双层衣襟边、领边，缝好拉链，高温印好胶印画。

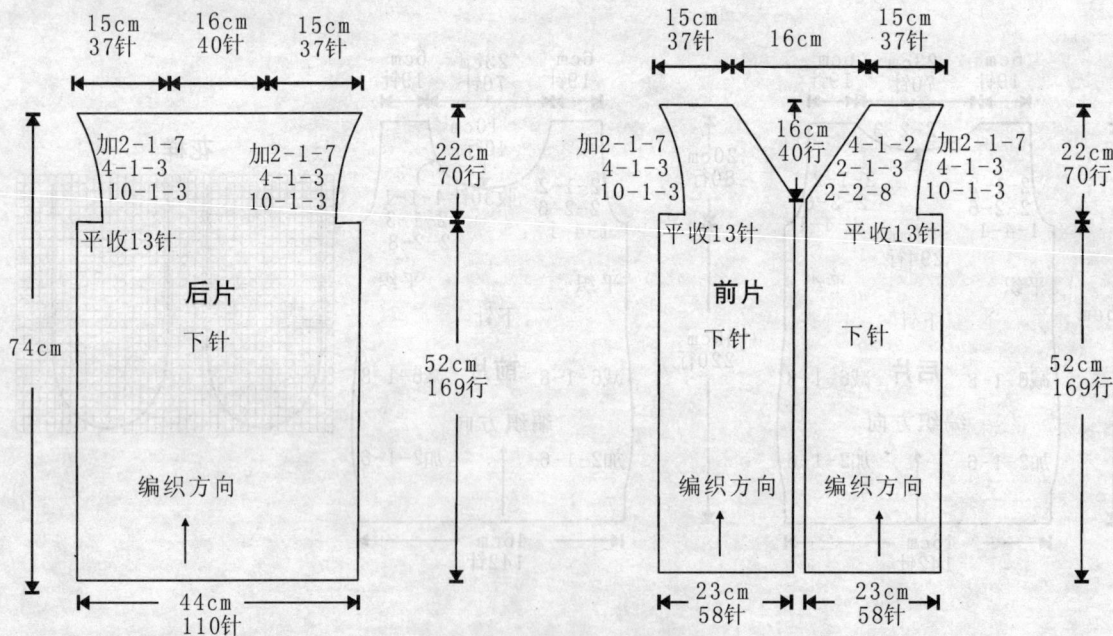

后片图示

15cm 37针　　16cm 40针　　15cm 37针

加2-1-7
4-1-3
10-1-3　　加2-1-7
4-1-3
10-1-3

平收13针

后片

下针

编织方向

74cm

22cm 70行

52cm 169行

44cm 110针

前片图示

15cm 37针　　16cm　　15cm 37针

16cm 40行

加2-1-7
4-1-3
10-1-3　　4-1-2
2-1-3
2-2-8　　加2-1-7
4-1-3
10-1-3

平收13针　　平收13针

前片

下针　　下针

编织方向　　编织方向

22cm 70行

52cm 169行

23cm 58针　　23cm 58针

【成品尺寸】衣长46cm　胸围92cm

【工具】5号棒针

【材料】浅驼色棉绒线220g

【密度】$10cm^2$：14针×20行

【附件】纽扣2枚

【制作方法】二股线编织，背心由单片编织完成。

　　1.前、后片：起19针横向编织花样中的麻花针，织18cm，在一侧连续加44针，按花样编织不加减针编织47cm，然后再将44针连续减掉，保留麻花针后继续编织，不加减针再织18cm，收针断线，共织83cm。

　2.缝合：完成后将连续加针边与麻花针边缝合，余出袖窿位置，再对应图示标注处缝合，在后片缝好纽扣。

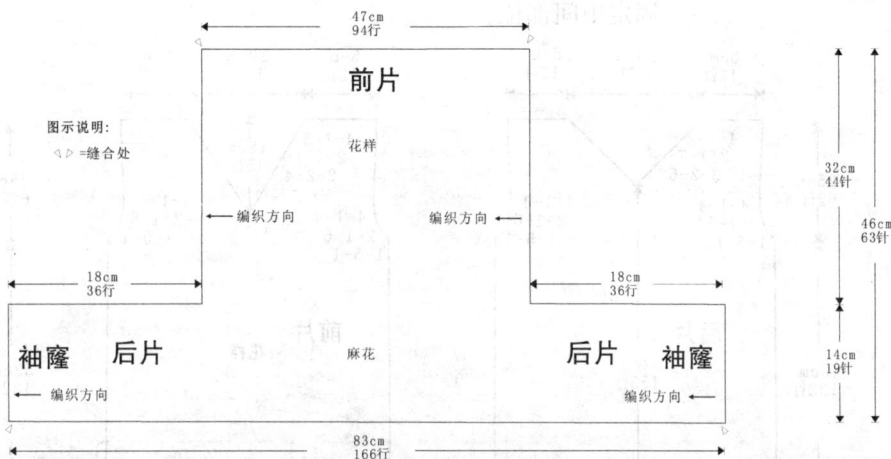

图示说明：
◁ ▷ =缝合处

47cm
94行

前片

花样

花样

←编织方向　　编织方向→

18cm
36行

18cm
36行

32cm
44针

46cm
63针

袖窿　后片　　　麻花　　　后片　袖窿

←编织方向　　　　　　　　　编织方向→

14cm
19针

83cm
166行

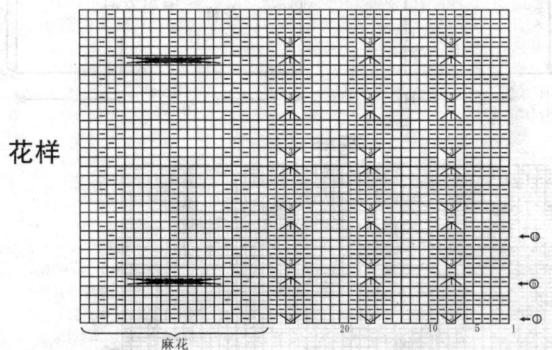

花样

麻花

浪漫无袖衫

【成品尺寸】衣长78cm　胸围92cm
【工具】7号棒针
【材料】浅绿色开司米线200g
【密度】$10cm^2$：21针×25行
【制作方法】双股线编织，背心由前、后片组成。

　　1.后片：起96针编织双罗纹针边，编织花样后片，编织到53cm时两侧开始袖窿减针，身长织到62cm时减出后领窝，两肩部各余6cm。

　　2.前片：起96针编织双罗纹针边，编织花样前片，不加减针织20cm时收针断线，完成前片口袋片。从双罗纹针边处另起针挑织花样前片，织到53cm时两侧进行袖窿减针，身长共织到60cm时，进行前领窝减，按图完成减针后收针断线，肩部余6cm。

　　3.缝合：缝合肩部，将口袋片夹入前、后片侧缝中沿边缝实，再固定中间部位。

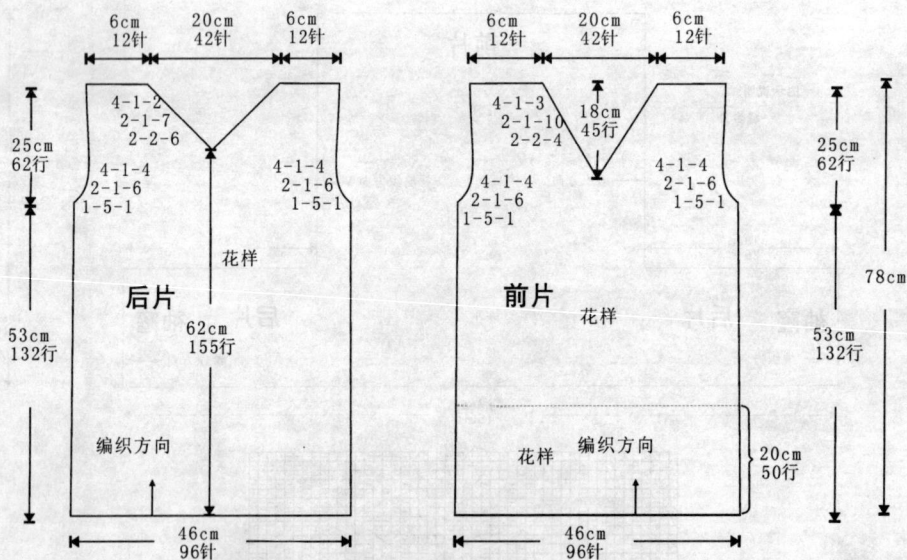

花样

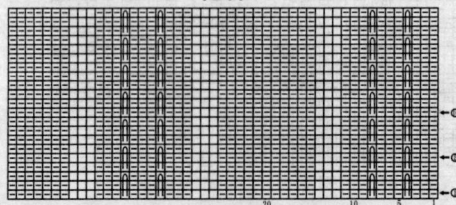

【成品尺寸】衣长53cm　胸围92cm

【工具】7号棒针　缝纫机

【材料】黄色竹纤维线180g　褐色竹纤维线5g

【密度】$10cm^2$：21针×25行

【附件】鹿皮若干　拉链1条

【制作方法】二股线编织，背心由前、后片组成。

　　1.后片：起96针编织双罗纹针边，然后编织上针后片，织到32cm时按结构图开始袖窿减针，袖窿完成减针后不加减针编织到肩部，收针断线。

　　2.前片：起48针编织上针前片，身长共织到32cm时进行袖窿减针、前衣领减针，两侧按图所示完成减针，编织至肩部收针，肩部余14针。用同样方法完成另一侧前片，方向相反。

　3.缝合：沿边将前、后片对接缝合。裁剪、缝制完成装饰边及鹿皮袋片，缝好拉链、纽扣。

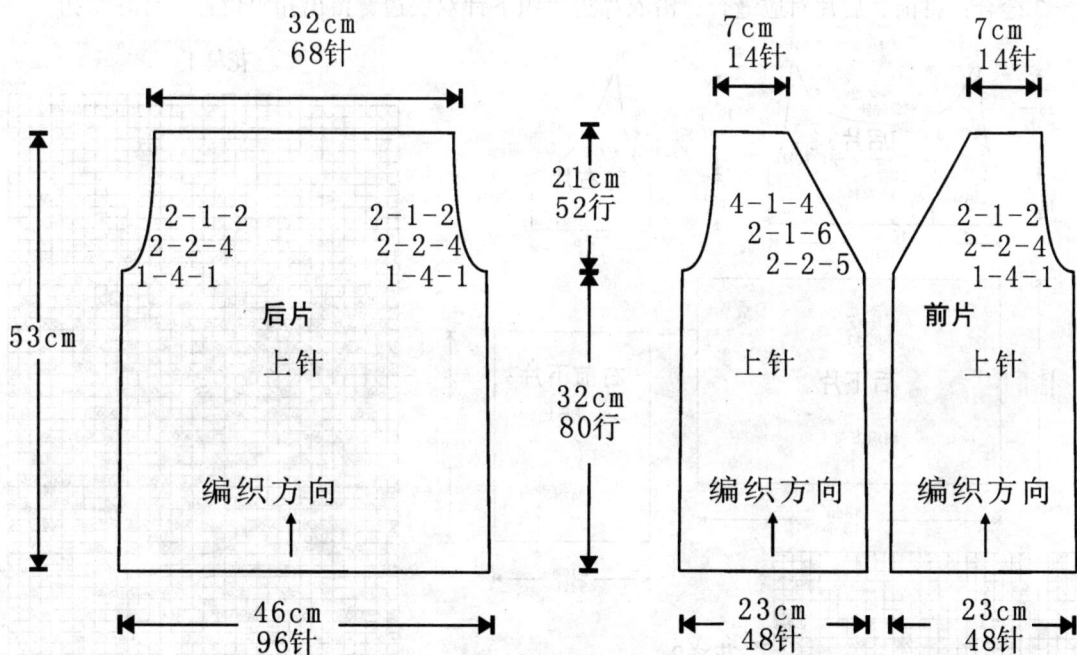

32cm
68针

7cm
14针

7cm
14针

2-1-2
2-2-4
1-4-1

2-1-2
2-2-4
1-4-1

53cm

21cm
52行

后片

上针

32cm
80行

编织方向

46cm
96针

4-1-4
2-1-6
2-2-5

上针

前片

上针

2-1-2
2-2-4
1-4-1

编织方向

编织方向

23cm
48针

23cm
48针

秀美吊带装

【成品尺寸】衣长72cm　胸围116cm

【工具】10号棒针

【材料】灰色丝棉线260g

【密度】10cm²：32针×40行

【附件】纽扣9枚

【制作方法】单股线编织，吊带裙由前、后片及下片缝合而成。

　　1.后片：起186针双罗纹针边，然后编织花样1后下片，不加减针织45cm，收针断线。另起146针编织花样2后上片，不加减针织12cm后两侧袖窿减针，后上片共织15cm时减出后领窝，按图减针后肩部余3针，继续编织肩带，共织40cm。将下片拿活褶后与上片缝合。

　　2.前片：起94针双罗纹针边，然后编织花样1前下片，不加减针织12cm，收针断线，另起75针编织花样2前上片，不加减针织12cm后进行袖窿、前衣领减针，按图减针后肩部余3针，继续编织肩带，共织40cm，收针断线，将下片拿活褶与前上片缝合。同样方法完成另一片前片，减针方向相反。

　　3.缝合：将前、后片对应缝合，沿衣襟边挑织下针双层边，留出扣眼位置。钉好纽扣。

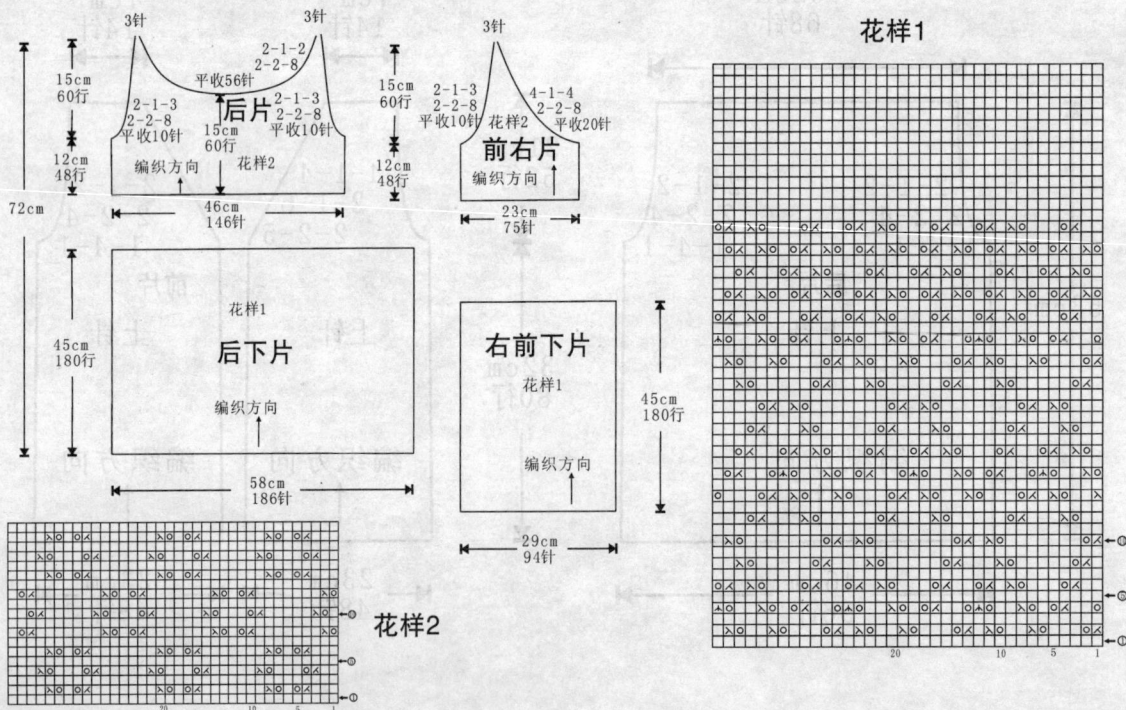

花样1

花样2

【成品尺寸】衣长60cm　胸围100cm
【工具】10号棒针
【材料】灰色精纺棉绒线600g
【密度】$10cm^2$：32针×40行
【附件】纽扣6枚
【制作方法】二股线编织，背心裙由各片拼接组成。

　　1.后片：起160针编织下针双层边，编织下针后下片，不加减针织25cm，收针断线。起160针编织下针后上片，织至15cm时两侧进行袖窿减针，减针织至48cm时再两侧开始后领加针，按结构图所示加减针编织，身长共织57cm，中心平收40针，两侧后领减针，肩部余16针后继续编织为背带，长度可根据需要确定，此款后背带长60cm。

　　2.前片：起48针编织下针双层边，编织下针前下片，不加减针织25cm，收针断线，完成2片。起48针编织下针袋片，不加减针织11cm，一侧减针留袋口，一侧不加减针织到25cm收针断线，挑织双罗纹针袋口边。完成2片，减针方向相反。将前袋片上侧拿褶固定后与前下片沿边缝合，留出袋口位置。起48针编织下针前片，织15cm时两侧同时进行袖窿、前衣领减针，按图减针后余16针，织至35cm，收针断线。用同样方法完成另一侧前上片。起64针编织花样前中片，不加减针织40cm，收针断线。

　　3.袋盖片：起38针编织下针装饰袋盖片，织4cm，两侧同时减针同减至4针，织2行后再同时加针，加针方法和针数与减针完全相同，共完成2片。

　　4.缝合：将前、后上下片对接缝合，加入前中片与前片缝合。将袋盖片对折缝合为双层后贴后下片缝实。钉好纽扣。

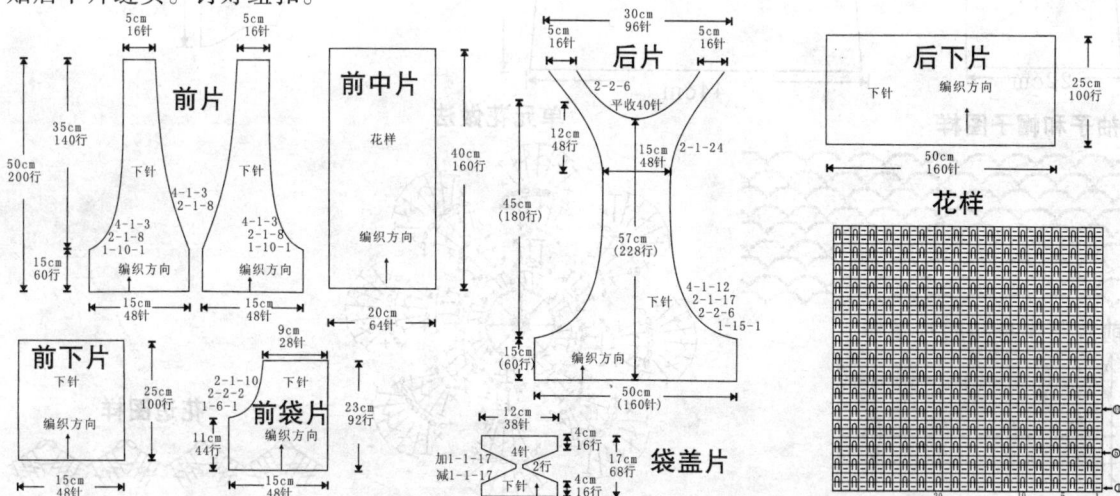

白色钩花衫

【成品尺寸】衣长52cm　胸围88cm
【工具】2.0mm钩针
【材料】白色线250g
【制作方法】参照衣服的结构图，按照单元花图解、图样和袖子帽子图样，钩前片2片、后片1片、袖片2片、帽片1片，然后拼肩、上袖和拼侧缝。最后按照花边图样，钩衣服领口袖口和下摆的花边。

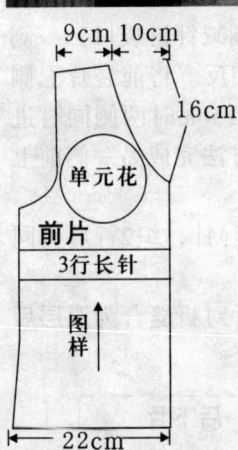

9cm 10cm

16cm

单元花

前片

3行长针

图样

22cm

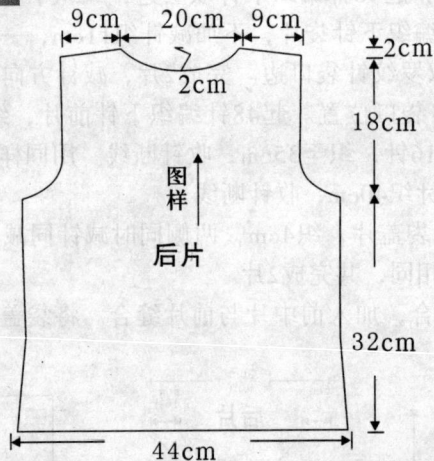

9cm 20cm 9cm

2cm

图样

后片

2cm

18cm

32cm

44cm

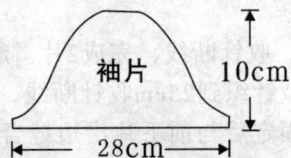

袖片

10cm

28cm

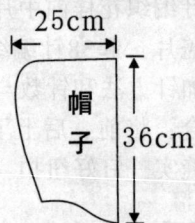

25cm

帽子

36cm

袖子和帽子图样

前片下半身和后片图样

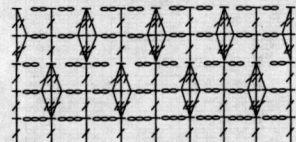

单元花做法

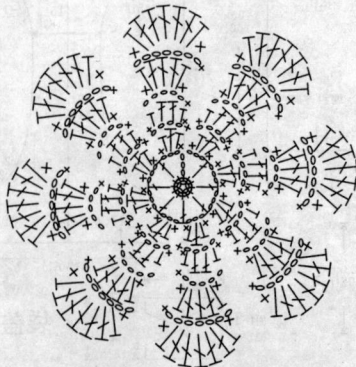

花边图样

【成品尺寸】衣长70cm　胸围100cm
【工具】2.0mm钩针
【材料】白色线300g
【制作方法】首先按照图样1、图样2和图样3的做法，钩衣服前片和后片，参照结构图，前片和后片各划分成5个部分，每个部分用长针衔接，钩完前片和后片后，拼肩和侧缝，最后在领口、袖口和门襟钩2行短针，在下摆钩花边。具体做法参照如下图解。

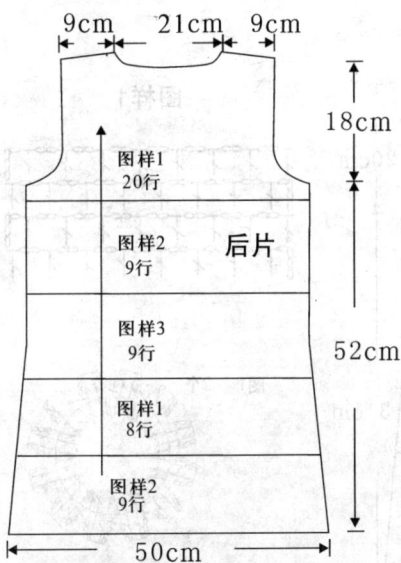

后片

图样1
20行

图样2
9行

图样3
9行

图样1
8行

图样2
9行

9cm　21cm　9cm

18cm

52cm

50cm

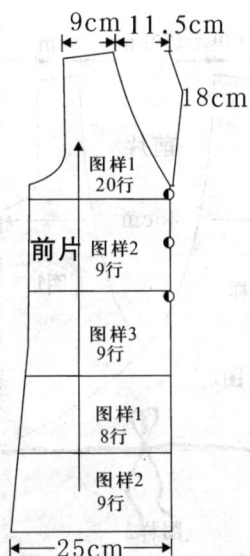

前片

图样1
20行

图样2
9行

图样3
9行

图样1
8行

图样2
9行

9cm 11.5cm

18cm

25cm

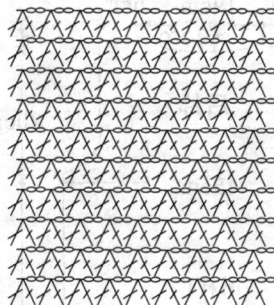

图样1

图样2

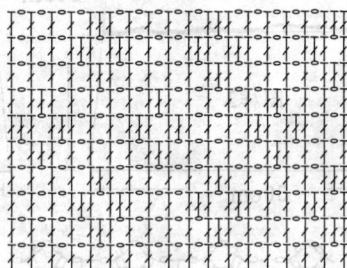

图样3

下摆花边图样

交叉开襟装

【成品尺寸】衣长51cm　胸围100cm
【工具】2.0mm钩针
【材料】灰色线250g
【制作方法】参照衣服的结构图，按照图样1和图样2花样，首先钩衣服下摆，然后钩衣服前片2片、后片1片，然后拼肩，拼侧缝，具体做法参照下图解。

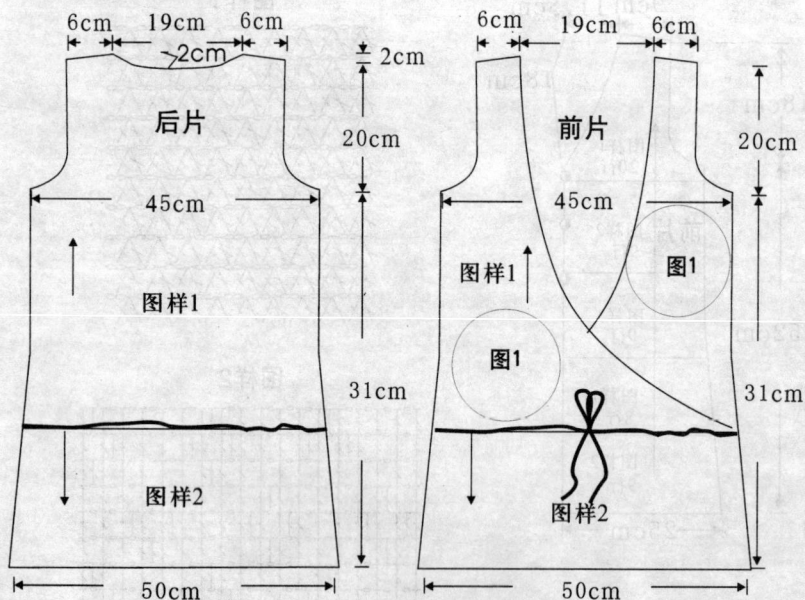

后片

6cm　19cm　6cm
~2cm
2cm
20cm
45cm
图样1
31cm
图样2
50cm

前片

6cm　19cm　6cm
20cm
45cm
图样1
图1
图1
31cm
图样2
50cm

图样1

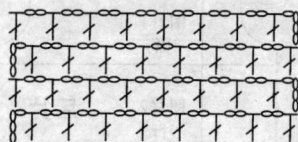

图1　2个

图样2

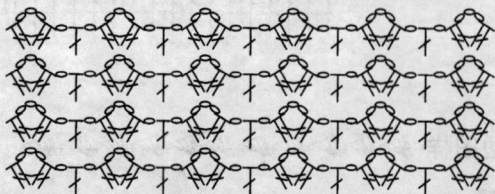

花边图解

【成品尺寸】衣长34cm　胸围96cm

【工具】10号棒针

【材料】驼色棉麻线160g

【密度】10cm²：33针×43行

【制作方法】单股线编织，毛衣由前、后片，肩带片组成。

　　1.前、后片：起158针编织下针双层边，编织花样后片，完成第一组花样后，再编织一次下针双层边装饰，然后开始第二组花样的编织，身长编织至27cm时同时进行两侧袖窿和衣领减针，按图所示完成减针后，收针断线。用同样方法完成花样前片。

　　2.缝合：将前、后片缝合，沿两侧袖窿分别挑织单罗纹针边，织24行。

　3.肩带片：起256针编织单罗纹针，不加减针编织80cm作后肩带；用同样方法编织160针50cm作前肩带。

　4.整理：将前肩带沿前领窝缝合，将后肩带沿后领窝缝合，在肩部将两肩带对接，后肩带剩余部分返回后领窝缝实。

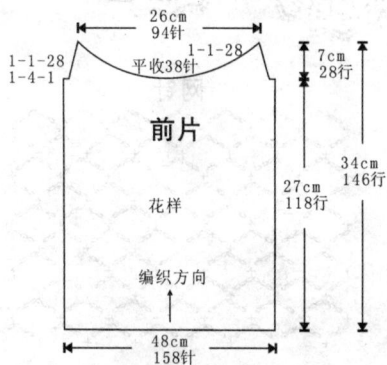

前片

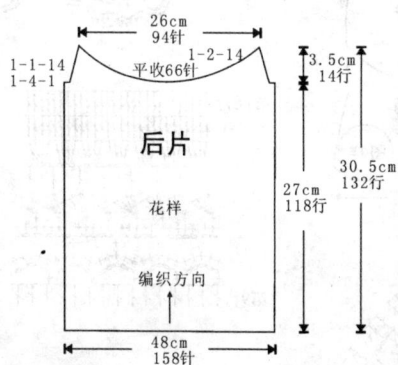

后片

花样

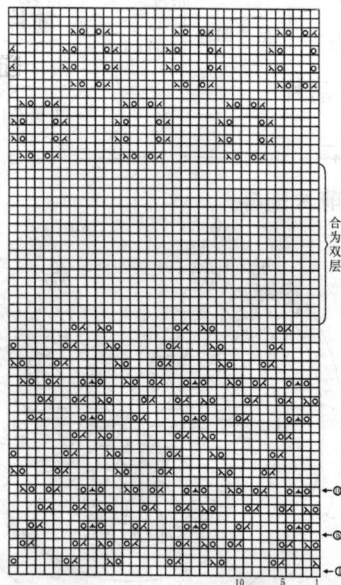

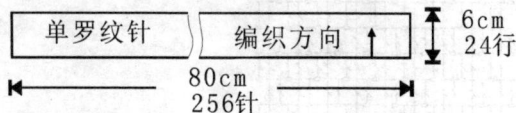

肩带片

花样吊带衫

【成品尺寸】衣长55cm　胸围88cm
【工具】2.0mm钩针
【材料】米色线200g
【制作方法】首先按照前片图样钩前片，并用长针补平，然后钩拼花图样连接网针5行与前片图样连接，按照后片图样钩后片，前片与后片拼侧缝，最后钩领口和袖口的花边，具体做法参照如下图解。

21cm

吊带

21cm

18cm

前片图样
18行
前片

后片图样
22行

37cm

后片

网针 5行

拼花 图样

44cm

44cm

拼花图样

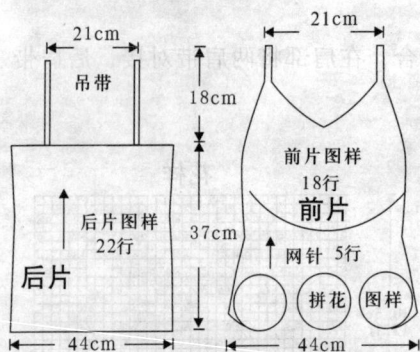

网针

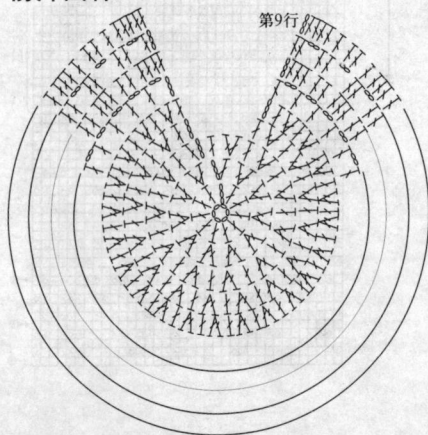

前片图样

第9行

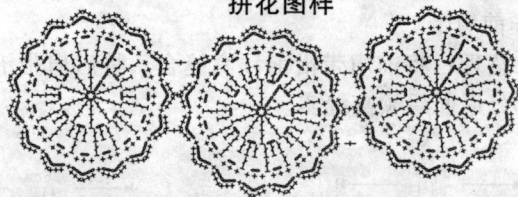

第18行

第9行

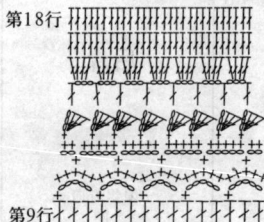

后片图解

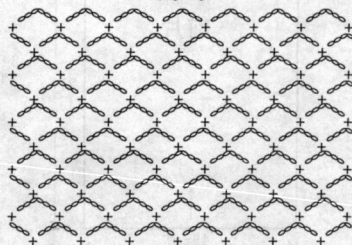

领口袖口花边图解

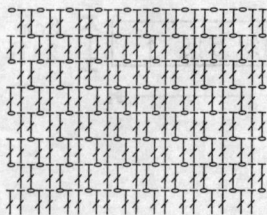

【成品尺寸】衣长56cm　　胸围96cm
【工具】2.0mm钩针
【材料】杏色线200g
【制作方法】

　　首先按菠萝花的做法，前片领口和后片领口各编织4个菠萝花，其长度钩3行长针，然后取中间两个菠萝花进行编织，并延伸到下摆，领口钩2行长针作为花边，然后在具体做法参照如下图解。

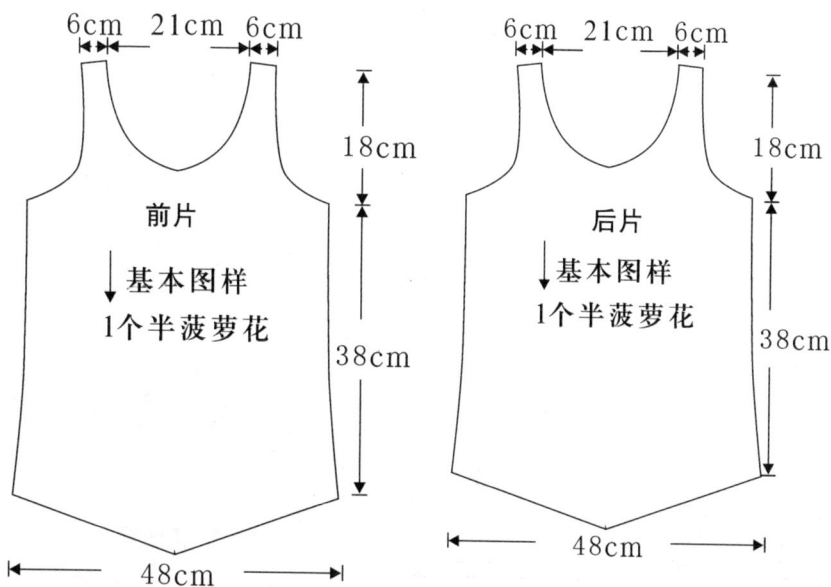

基本图样

1个半菠萝花的高度
2个菠萝花的宽度

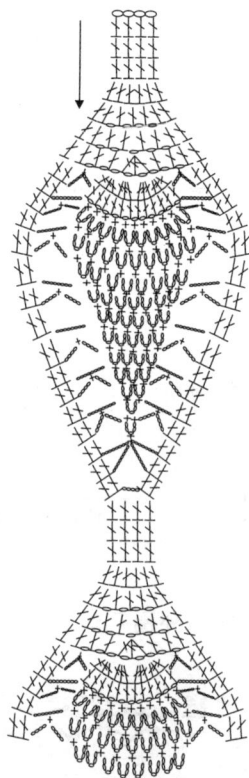

前片

↓基本图样
1个半菠萝花

6cm　21cm　6cm

18cm

38cm

48cm

后片

↓基本图样
1个半菠萝花

6cm　21cm　6cm

18cm

38cm

48cm

领口花边2行长针

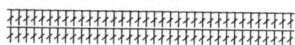

优雅无袖衫

【成品尺寸】衣长56cm　胸围100cm
【工具】2.0mm钩针
【材料】蓝色线250g
【附件】纽扣5枚
【制作方法】先按照单元花拼上半身前片2片、后片1片，然后按照衣服的基本图样钩衣服下半身1片，再拼接肩和侧缝，拼完侧缝后钩衣服外围花边，最后钉纽扣。

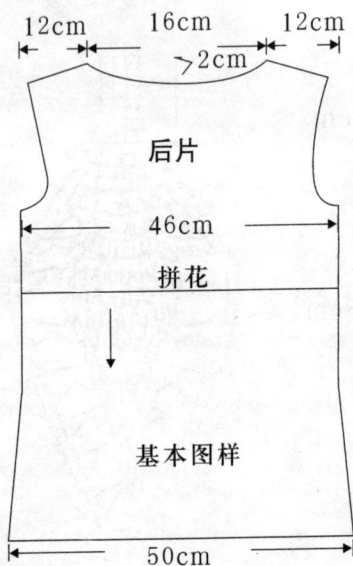

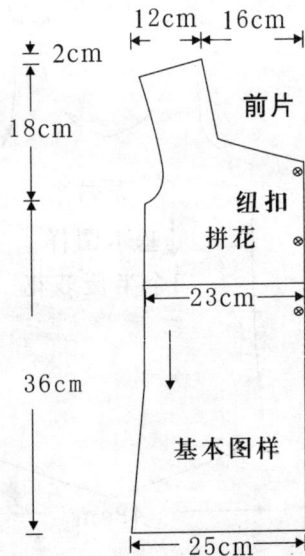

12cm　16cm　12cm
2cm

后片

46cm

拼花

基本图样

50cm

2cm
18cm

12cm　16cm

前片

纽扣

拼花

23cm

基本图样

36cm

25cm

基本图样图解

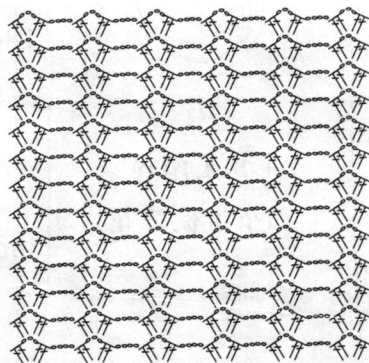

拼花图解

单元花

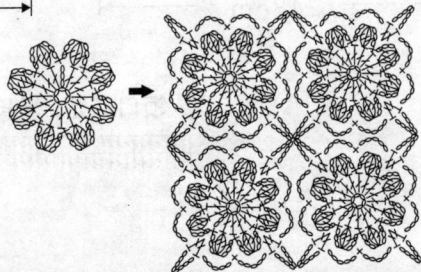

衣服外围花边

【成品尺寸】衣长70cm　胸围100cm
【工具】2.0mm钩针
【材料】蓝色线200g
【制作方法】首先前片按照单元花的做法，拼接单元花，然后按照后片的做法钩后片，然后拼侧缝，最后钩吊带和下摆。具体做法参照如下图解。

前片单元花图解

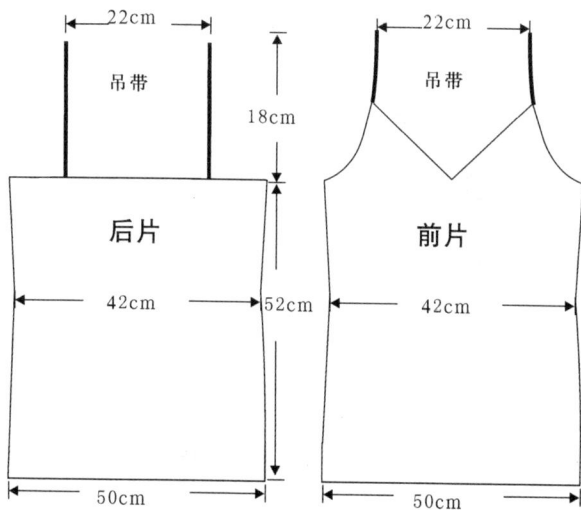

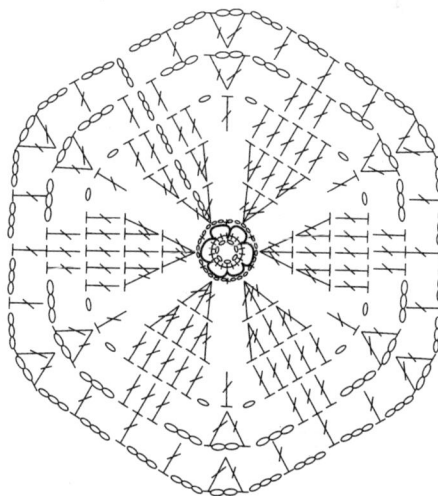

吊带图样

花心

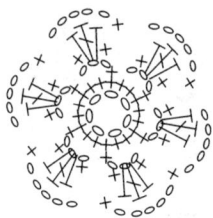

后片图样

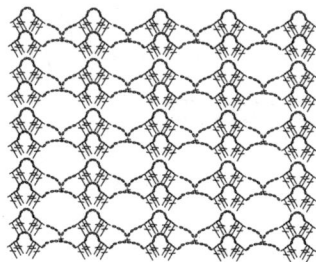

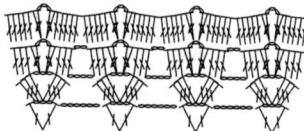

下摆图解

网眼无袖衫

【成品尺寸】衣长52cm 胸围100cm
【工具】2.0mm钩针
【材料】杏色线200g
【制作方法】首先按照衣服结构图的划分，依照格子图解和网针图解，钩衣服前片和后片，然后拼侧缝，接着钩胸口的蝴蝶结绑带，最后在领口和袖口钩短针，按照花边图样钩下摆，具体做法参照如下图解。

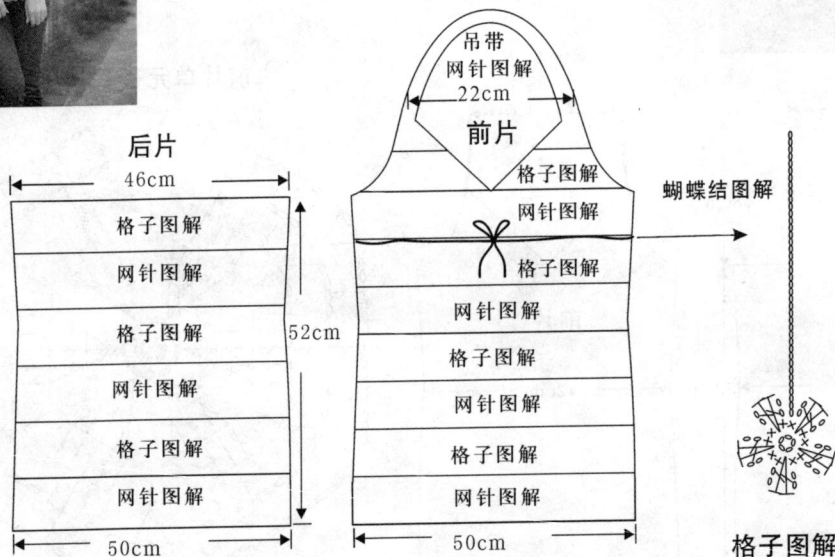

后片
46cm
格子图解
网针图解
格子图解
网针图解
格子图解
网针图解
50cm
52cm

吊带
网针图解
22cm
前片
格子图解
网针图解
网针图解
格子图解
格子图解
网针图解
格子图解
网针图解
50cm

蝴蝶结图解

格子图解

长针

下摆花边图解

网针图解

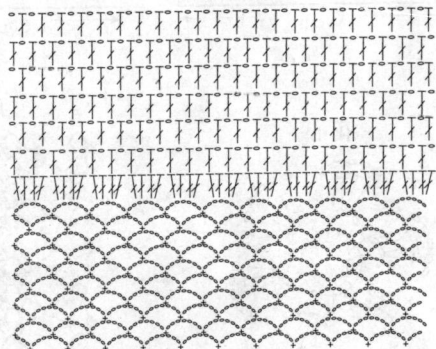

【成品尺寸】衣长63cm　胸围96cm

【工具】5号钩针

【材料】蓝色段染竹棉线100g

【制作方法】单股线钩织，背心由前、后片组成。

　　1.后片：起48cm辫子针钩编花样后片，两侧减针收腰，钩织到40cm后开始袖窿减针，按结构图减完针后不加减针编织到60cm时减出后领窝，两肩部各余3cm。

　　2.前片：用同样针法起钩前片，侧缝均匀减针，钩织40cm后开始袖窿减针，身长共编织到47cm时，进行前衣领减针，按结构图减完针后收针断线。

　　3.缝合：将前、后片沿边对应位置缝实。另起针沿领窝、袖窿钩织短针装饰，钩编完成下边装饰边，装饰边拉丝的长度和行数可根据个人喜好确定。

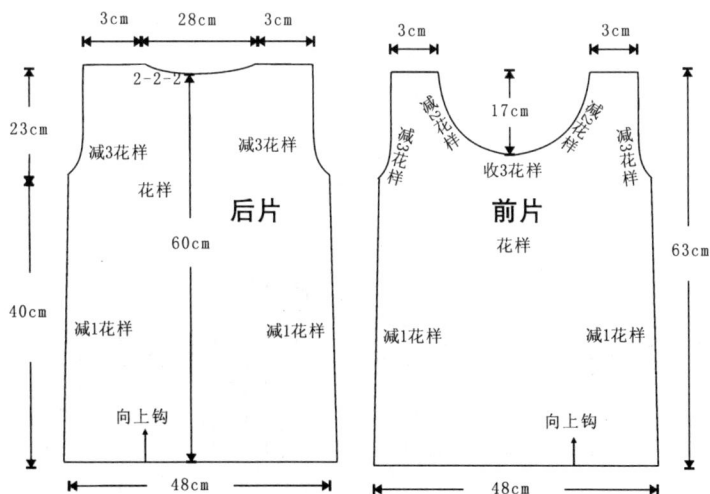

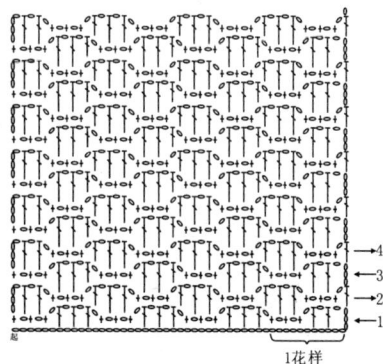

花样

1花样

装饰边花样

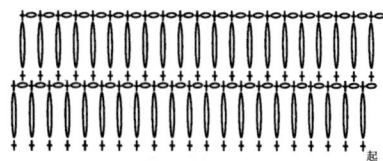

复古钩花无袖衫

【成品尺寸】衣长62cm　胸围100cm

【工具】2.0mm钩针

【材料】粉红色线250g

【制作方法】参照衣服的结构图，按照图样1、图样2和拼花图样钩编前片、后片，然后拼侧缝，最后按照领口花边、袖口和下摆花边，钩衣服外围花边。

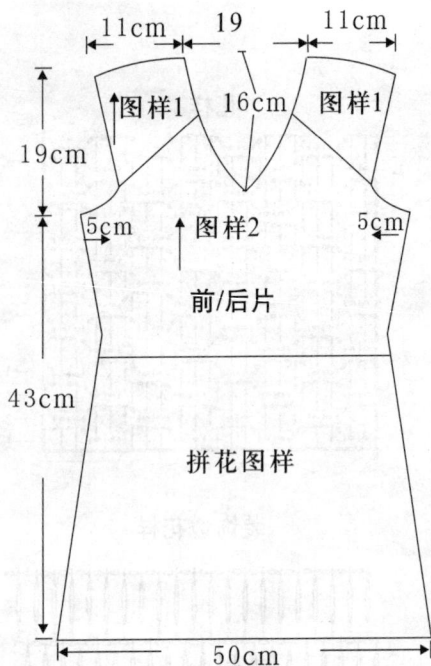

拼花图样

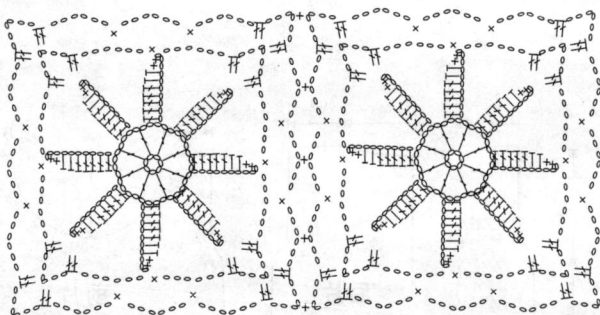

图样1　　图样2

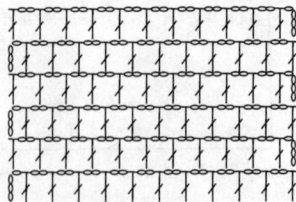
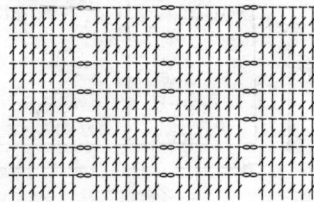

领口花边

袖口和下摆花边图解

【成品尺寸】衣长58cm　胸围88cm

【工具】2.5mm钩针

【材料】杏色线250g

【制作方法】首先按照单元花的做法，钩编前片和后片一共24个单元花。然后拼三行花，每行8个成圈，拼完后，按照图样1和图样2钩编领口和袖口，最后钩领口花边和穿流苏在衣服下摆。

前片
后片
相同

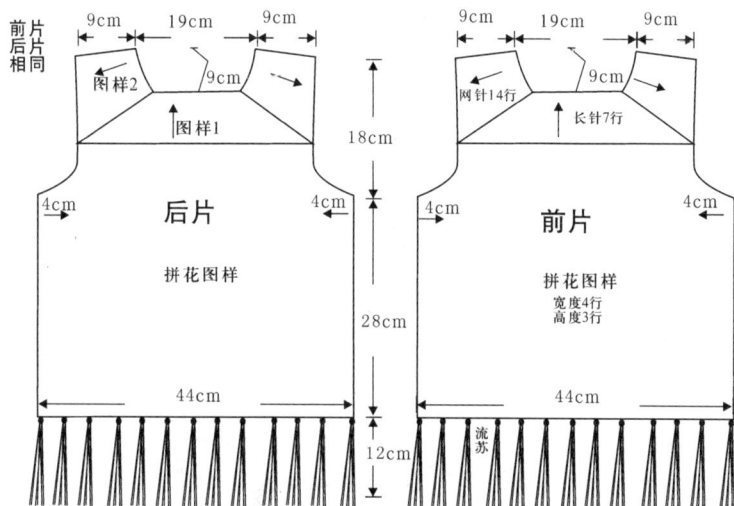

后片

拼花图样

前片

拼花图样
宽度4行
高度3行

图样2

9cm　19cm　9cm

图样2

图样1

网针14行　长针7行

18cm

28cm

12cm

4cm

44cm

44cm

流苏

单元花的做法

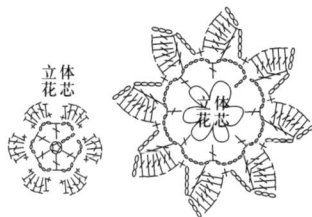

立体花芯

立体花芯

图样2

拼花图样

图样1

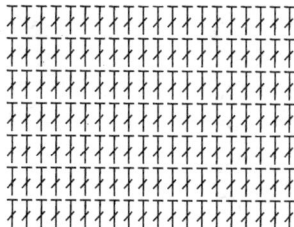

领口图样

活力肩带装

【成品尺寸】衣长56cm　胸围96cm
【工具】2.0mm钩针
【材料】白色线200g
【制作方法】首先按照基本图样的图解，钩前片和后片各24行，然后钩肩部网针，最后在领口和袖口钩1行短针，具体做法参照如下图解。

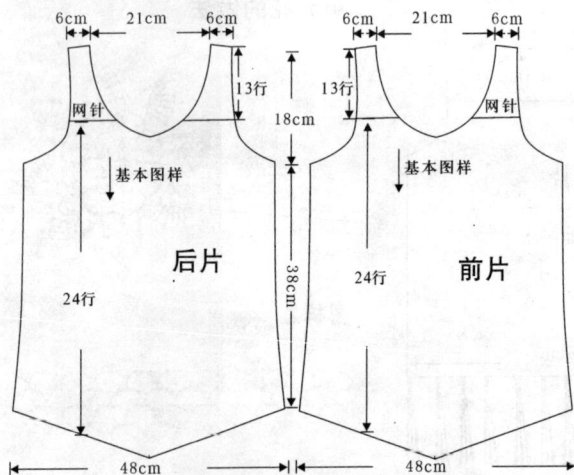

后片　　前片

基本图样的图解

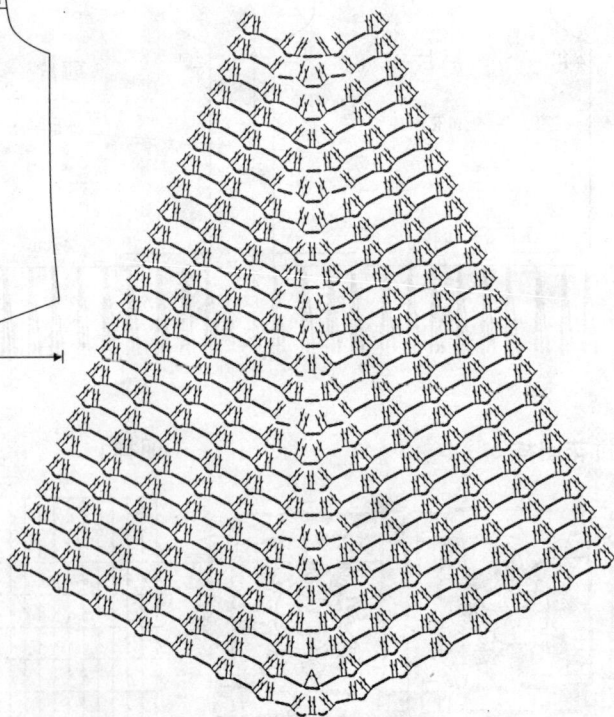

肩部网针图样

【成品尺寸】衣长53cm　胸围90cm

【工具】7号棒针　4号钩针

【材料】灰色棉线160g　咖啡色棉线20g

【密度】10cm²：16针×23行

【制作方法】二股线编织，背心由前、后片组成。

　　1.后片：用咖啡色线起70针双罗纹针，4行后换灰色线编织，然后编织下针后片，两侧加减针收腰，身长共织32cm后开始袖窿减针，按结构图减完针后不加减针编织到47cm时减出后领窝，两肩部各余3针继续编织，长度根据个人需要确定。

　　2.前片：用同样方法起织70针花样前片，侧缝加减针收腰，共编织32cm时，同时进行前衣领、袖窿减针，按结构图减完针后余3针继续编织。

　　3.缝合：将前、后片对应位置缝实，用咖啡色线沿衣领及袖窿挑钩装饰花边。

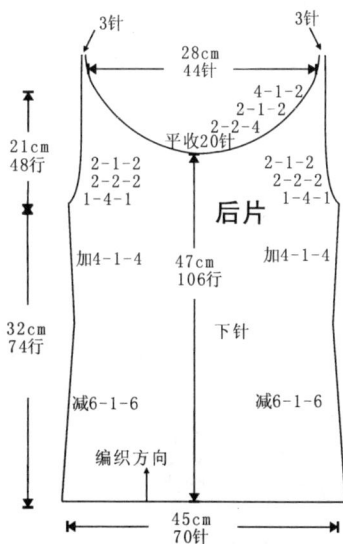

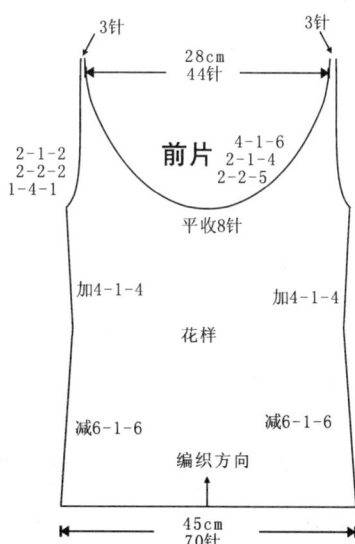

花样

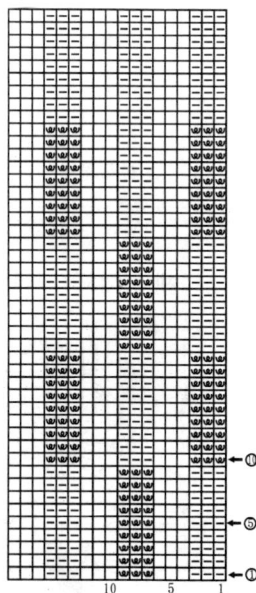

装饰边花样

【成品尺寸】衣长52cm　胸围90cm
【工具】2.0mm钩针
【材料】绿色线180g　白色线、黄色线少许
【制作方法】首先按照单元花的做法，钩织前片和后片一共8个单元花，然后拼1行花，8个成圈，拼完后，按照图样衣身到领子，最后按照花边图样，钩领口、袖口和下摆的花边。

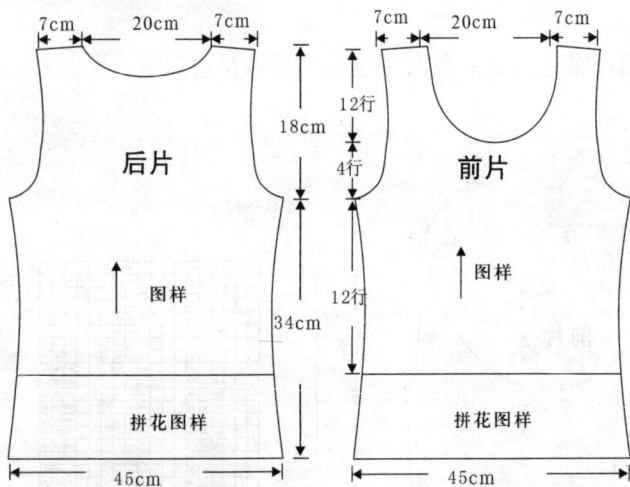

图样的做法

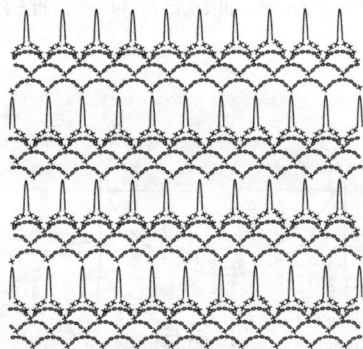

拼花图样

领口图样

单元花图样

8个

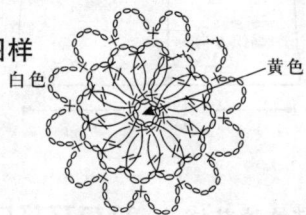

艳丽红色女装

【成品尺寸】衣长80cm　胸围102cm

【工具】10号棒针　6号钩针

【材料】红色开司米线200g

【密度】10cm²：32针×40行

【制作方法】单股线编织，背心由前、后上下片缝合而成。

　　1.下片：起162针下针，编织双层边，然后编织花样2下片，不加减针织45cm后收针断线。完成2片。

　　2.后上片：起146针，编织花样2后上片，不加减针织15cm后，两侧袖窿减针，按图减针后，肩部余16针，后上片共织34cm时减出后领窝。

　　3.前上片：起146针，编织花样1前上片，不加减针织15cm后，同时进行袖窿、前领窝减针，按图减针后，肩部余16针，收针断线。

　　4.缝合：先将下片在两侧拿活褶固定，位置可随意调节，拿完褶后与上片宽度一致，然后将上下片对应缝合，再将前、后片对应缝实，沿领窝、袖窿挑钩花样装饰边。

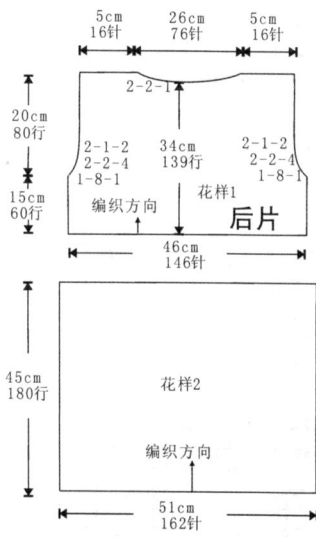

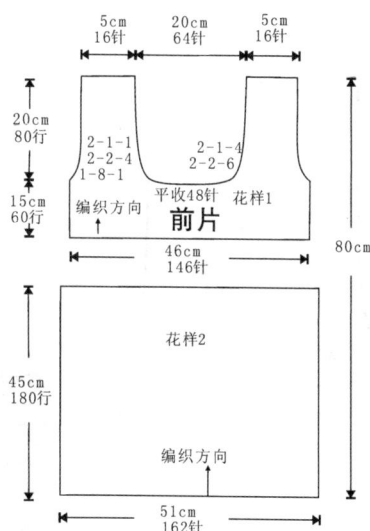

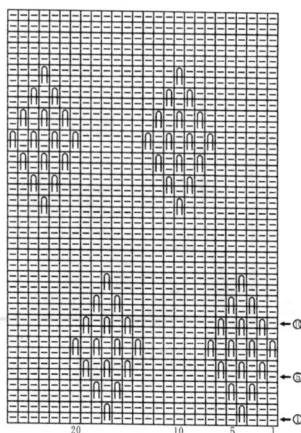

花样1

装饰边花样

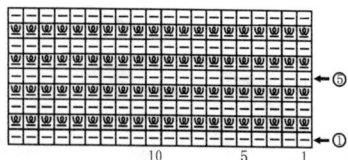

花样2

115

【成品尺寸】衣长56cm 胸围88cm 肩宽36cm

【工具】6号棒针

【材料】红色线400g

【密度】$10cm^2$：13针×15行

【制作方法】1.前片：用双罗纹起针法起58针，双罗纹针织6cm；花样织2cm后按前袖窿减针及前领减针织出前片。

　　2.后片：类似于前片，不同为不用开领，织完花样后最后4cm双罗纹编织，织完4cm双罗纹处对折缝合。

　　3.前片领肩：用双罗纹起针法起48针，双罗纹针织4cm后收针，对折缝合；与前片领肩缝合。

　　4.整理：前、后片肩部、腋下缝合。

5.挑袖：前片和后片共挑124针，双罗纹编织2cm后收针。

7.袖片(两片)：用普通起针法起124针，按袖片减针下针织20cm后收针。用相同方法织另一片。

8.收尾：两片袖片和袖口缝合。

前片

5cm 6针　26cm 34针　5cm 6针

4cm 6行

2cm 4行

前领减针
2-1-1
2-2-1
平收28针
行针次

46cm 70行

前片
花样

前袖笼减针
平织60行
4-1-1
2-1-3
平收2针
行针次

(-6针)

2cm 4行
6cm 9行

编织方向

双罗纹

44cm 58针

后片

36cm 46针

双罗纹

后片
花样

后袖笼减针
平织66行
4-1-1
2-1-3
平收2针
行针次

(-6针)

编织方向

双罗纹

44cm 58针

前片领肩

4cm 6行　双罗纹

37cm 48针

双罗纹

8	7	6	5	4	3	2	1
														6
														1

花样

袖片

8cm 10针

20cm 30行

袖片
下针

编织方向

袖片减针
2-3-3
2-4-12
行针次
行针次

(-57针)

96cm 124针

【成品尺寸】衣长68cm　胸围104cm

【工具】2.0mm钩针

【材料】红色线280g

【附件】纽扣3枚

【制作方法】先按照单元花拼上半身前片2片、后片1片，然后按照衣服的基本图样钩织衣服下半身前片2片和后片1片，再拼接肩和侧缝，拼完侧缝后，钩衣服外围花边，最后钉上纽扣。

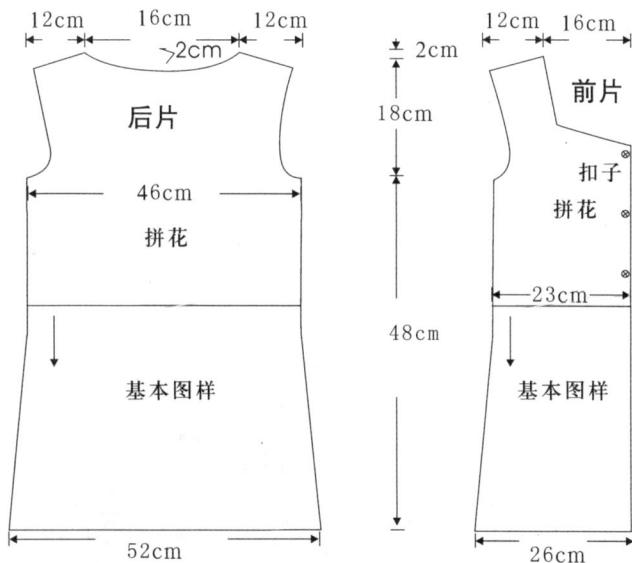

后片

12cm　16cm　12cm

2cm

46cm

拼花

基本图样

52cm

前片

12cm　16cm

2cm

18cm

48cm

扣子

拼花

23cm

基本图样

26cm

基本图样图解

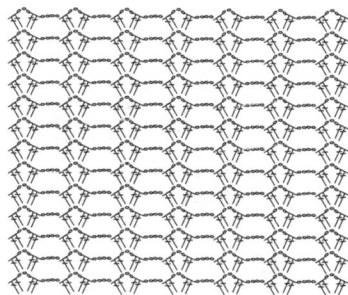

单元花

拼花图解

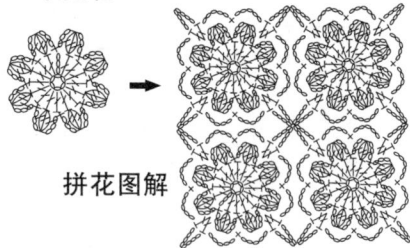

衣服外围花边

红色镂空短袖衫

【成品尺寸】衣长50cm　胸围96cm

【工具】9号棒针

【材料】白色丝光棉线200g　红色丝光棉线240g

【密度】10cm²：25针×32行

【附件】装饰带1条

【制作方法】单股线编织，毛衣由前、后片组成。

　　1.后片：从一侧起120针，配色花样编织后片，共编织92cm，两肩部各余34cm。

　　2.前片：用同样方法起120针，编织花样前片，织到34cm时，进行前领窝减针，按图示减针后肩部余34cm。

　　3.缝合：对应前、后片缝合，留出袖窿位置，沿领窝挑织单色下针领边，挑织双罗纹针下边及袖窿边，缝好装饰带。

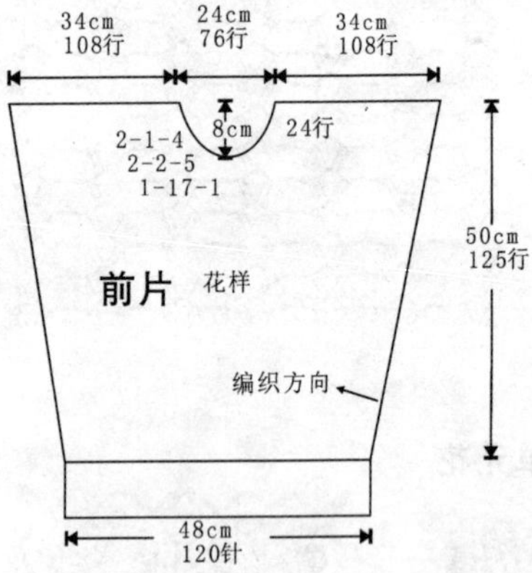

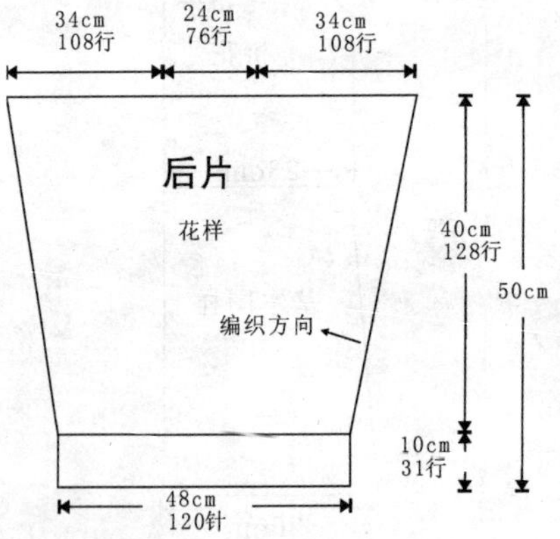

前片

34cm 108行　24cm 76行　34cm 108行

2-1-4
2-2-5
1-17-1

8cm 24行

50cm 125行

花样

编织方向

48cm 120针

后片

34cm 108行　24cm 76行　34cm 108行

花样

40cm 128行

50cm

编织方向

10cm 31行

48cm 120针

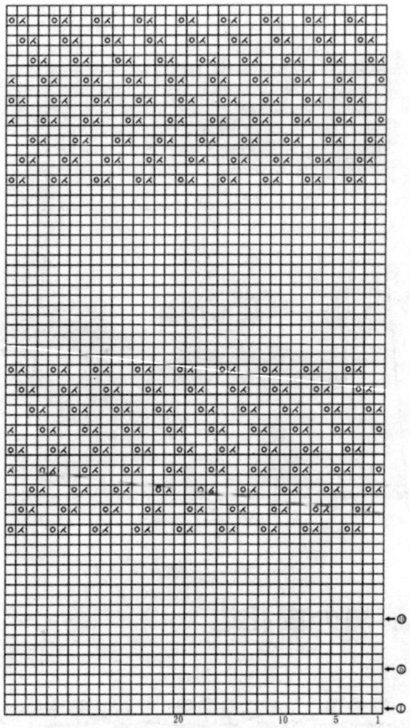

花样

20　　10　5　1

【成品尺寸】衣长74cm　胸围100cm

【工具】10号棒针

【材料】红色竹炭线300g

【密度】10cm² : 36针×44行

【制作方法】单股线编织，毛衣由前片、后片、袖片组成。

　　1.前、后片：起180针单罗纹针，编织花样1后片，减针收腰，织66cm时改由花样2编织，织74cm后收针断线。用同样方法编织完成前片。

　　2.袖片：起144针编织花样2袖片，不加减针18cm，收针断线，完成2片。

　　3.缝合：将前、后片对接缝合，将袖片沿身片侧缝向中心7cm处与前、后片缝实。沿领窝、袖口挑织下针双层边。

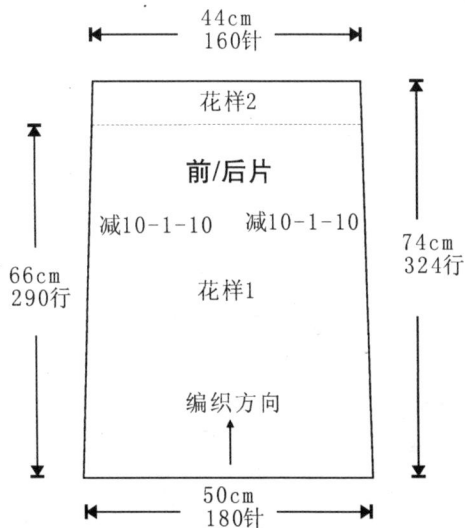

花样1

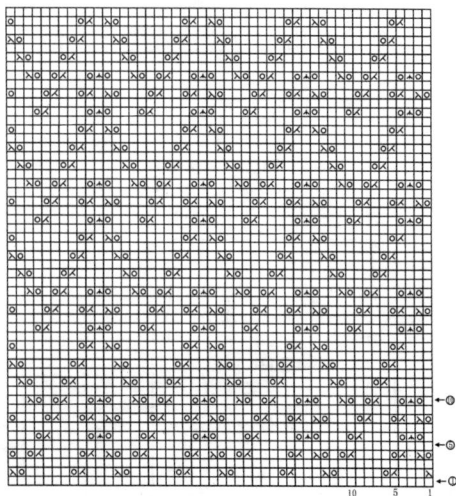

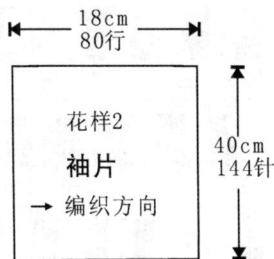

花样2

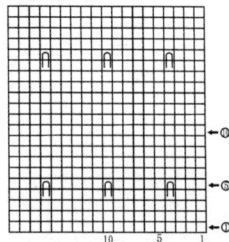

靓丽条纹短袖衫

【成品尺寸】衣长55cm　胸围92cm

【工具】11号棒针

【材料】黑色开司米线120g　红色开司米线80g　橘色开司米线80g
白色开司米线80g

【密度】10cm²：25针×32行

【制作方法】单股线编织，短袖衣由前片、后片、袖片组成。

1.后片：用黑色线起116针编织双罗纹针边，织10cm，然后配色编织花样后片，织到35cm时按结构图开始袖窿减针，袖窿完成减针后不加减针编织到肩部，收针断线。

2.前片：用同样方法起116针编织前片，身长共织到35cm时进行袖窿减针、前衣领减针，两侧相反按图所示完成减针，编织至肩部收针。

3.袖片：用黑色线起84针双罗纹针边从袖口编织花样袖片，不加减针编织1cm进行袖山减针。按图完成减针后收针断线，共织14cm，余16针。

4.缝合：沿边对应位置缝合，钩织短针装饰领边。

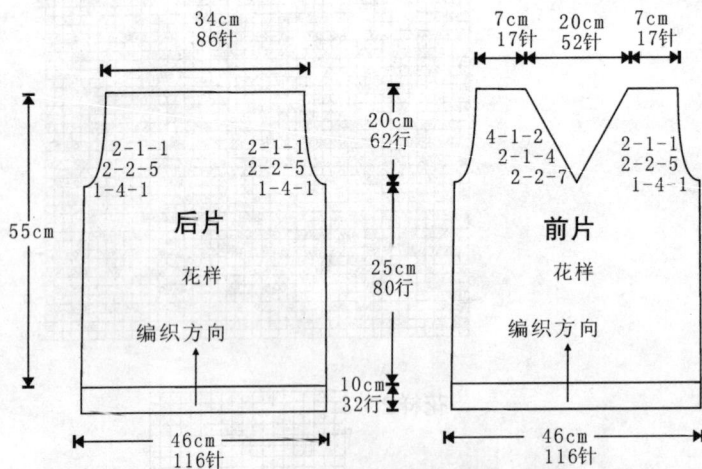

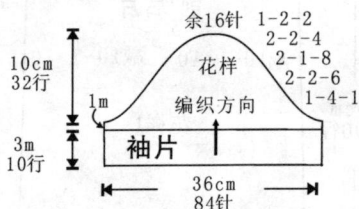

后片

34cm
86针

2-1-1　　2-1-1
2-2-5　　2-2-5
1-4-1　　1-4-1

55cm

20cm
62行

后片

花样

编织方向

25cm
80行

10cm
32行

46cm
116针

前片

7cm　20cm　7cm
17针　52针　17针

4-1-2　　2-1-1
2-1-4　　2-2-5
2-2-7　　1-4-1

前片

花样

编织方向

46cm
116针

袖片

余16针　1-2-2
2-2-4
2-1-8
2-2-6
1-4-1

10cm
32行

花样

编织方向

1m

3m
10行

袖片

36cm
84针

花样

□=黑色　　□=橘色
□=白色　　■=红色

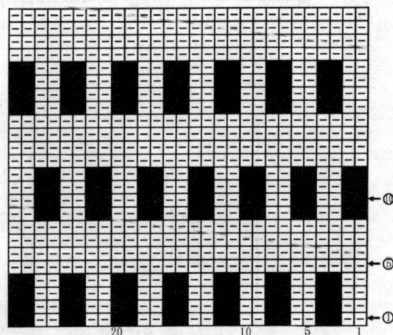

20　　　10　5　　1

【成品尺寸】衣长80cm　胸围102cm

【工具】10号棒针

【材料】红色开司米线120g　白色开司米线100g

【密度】$10cm^2$：32针×40行

【制作方法】单股线编织，背心由前、后上下片及袖片缝合而成。

　　1.后下片：起162针单罗纹针边，织8行，然后配色编织花样后下片，不加减针织45cm后收针断线。完成2片。

　　2.后上片：起146针编织花样后上片，不加减针织15cm后两侧袖窿减针，按图减针后肩部余19针，后上片共织34cm时减出后领窝。

　　3.前下片：编织方法与后下片一样。

　　4.前上片：起146针编织花样前上片，不加减针织15cm后进行袖窿减针，共织21cm时开始前领窝减针，按图减针后肩部余19针，收针断线。

　　5.袖片：起82针编织花样袖山片，按图示两侧减针，共织8cm后收针断线，袖山余18针。

　　6.缝合：先将下片均匀拿活褶固定，位置可随意调节，拿完褶后与上片宽度一致，然后将上、下片对应缝合，再将前、后片对应缝实。沿领窝挑织单罗纹针领边。

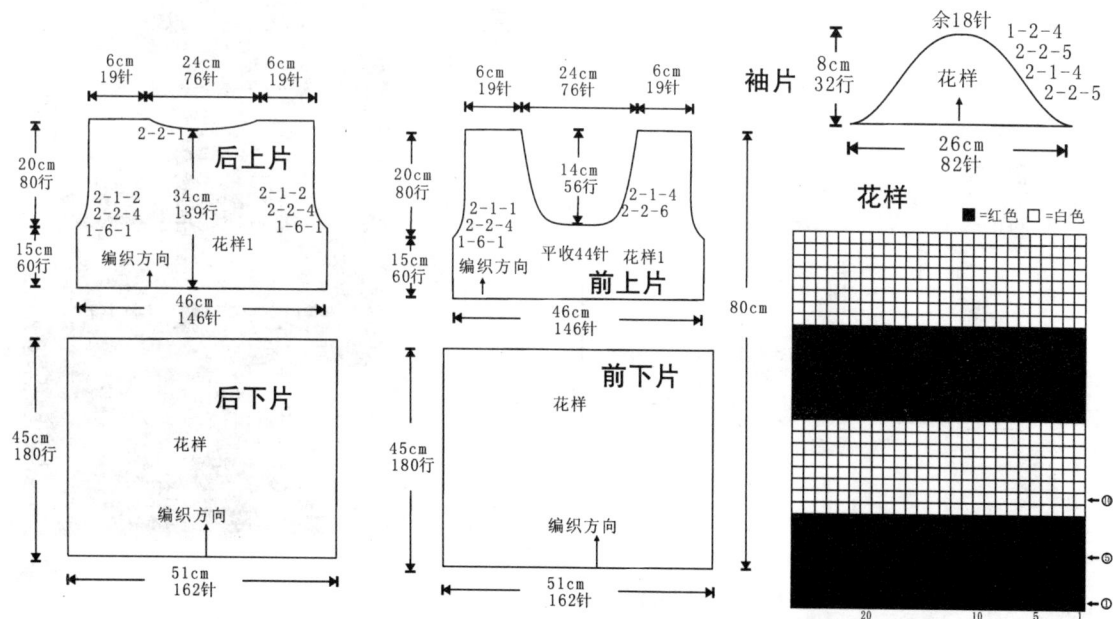

后上片

6cm 19针　24cm 76针　6cm 19针

2-2-1

2-1-2
2-2-2
1-6-1

34cm 139行

2-1-2
2-2-4
1-6-1

20cm 80行

15cm 60行

编织方向　花样1

46cm 146针

后下片

花样

编织方向

45cm 180行

51cm 162针

前上片

6cm 19针　24cm 76针　6cm 19针

14cm 56行

2-1-1
2-2-4

2-1-4
2-2-6

20cm 80行

15cm 60行

编织方向　平收44针　花样1

46cm 146针

前下片

花样

编织方向

45cm 180行

51cm 162针

80cm

袖片

余18针

1-2-4
2-2-5
2-1-4
2-2-5

8cm 32行　花样

26cm 82针

花样

■=红色　□=白色

20　10　5　1

121

时尚拼色衫

【成品尺寸】衣长75cm　胸围90cm

【工具】10号棒针

【材料】白色细毛线200g　红色细毛线30g　蓝色细毛线70g

【密度】10cm²：24针×34行

【制作方法】单股线编织，衣服由前、后片组成。

　　1.后片：白色线起107针，织10行下针后对折合并编织成双层边，然后编织下针后片，不加减针织25cm后，再按结构图所示加针，加针织至45cm，再不加减针织至肩部，即形成袖窿，收针断线。

　　2.前片：用同样方法起107针编织前片边，然后配色编织下针前片，共编织至63cm时，在中心位置平收39针后，两侧分别减针完成前领窝。

　　3.缝合：沿边对应位置缝合，余出袖窿，分别用蓝色线和红色线挑织下针双层袖窿边，边的宽度可自由调节，用白色线挑织双层领边。

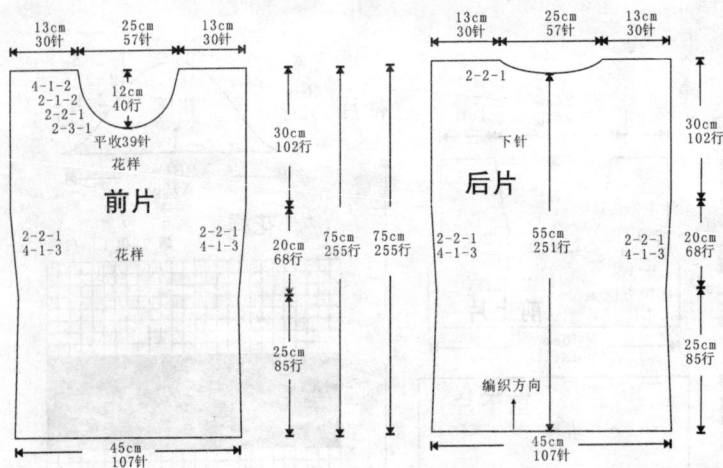

花样

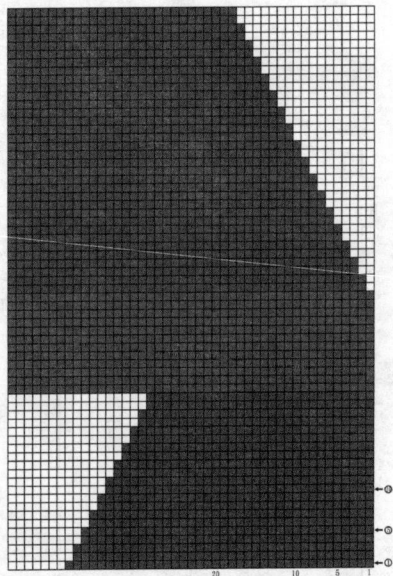

【成品尺寸】详见结构图

【工具】10号棒针

【材料】红色丝棉线120g　绿色丝棉线30g　白色丝棉线30g

【密度】10cm²：32针×40行

【制作方法】1.前/后片：分别起154针双罗纹针边，编织花样1后片和花样2前下片，两侧加减针收腰，编织至36cm时收针断线。

2.上片：起134针双罗纹针上片，不加减针8cm，收针断线，完成2片。

3.肩带：起6针编织下针肩带，共织32cm，完成2条。

4.缝合：将上、下片对接缝合，再将前、后片缝合。沿身片侧缝向中心7cm处将肩带与前、后片缝实。

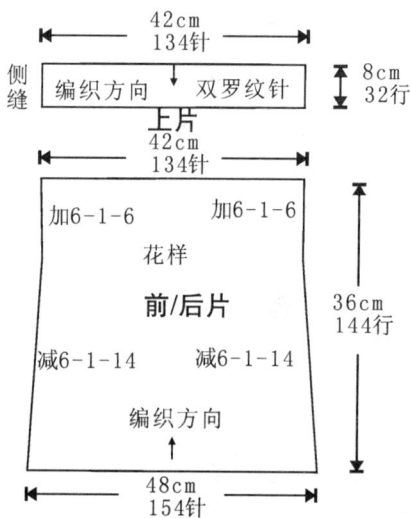

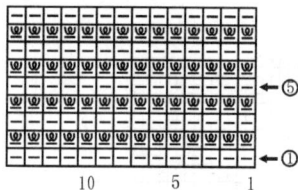

花样2

■=红色
■=绿色
□=白色

烂漫短袖衫

【成品尺寸】衣长57cm　胸围98cm

【工具】7号棒针

【材料】粉色毛线360g

【密度】10cm²：21针×25行

【制作方法】单股线编织，毛衣由前、后片组成。

　　1.后片：起102针，用双罗纹针边编织花样后片，加减针织42cm后，减出肩部，按图示完成加减针后收针断线。

　　2.前片：用同样方法编织花样前片，编织至51cm时中间平收29针，进行前衣领减针。

　　3.缝合：将前、后片对接缝合，留出袖窿，袖窿的大小可调节。沿领窝、袖窿挑织双罗纹针边。

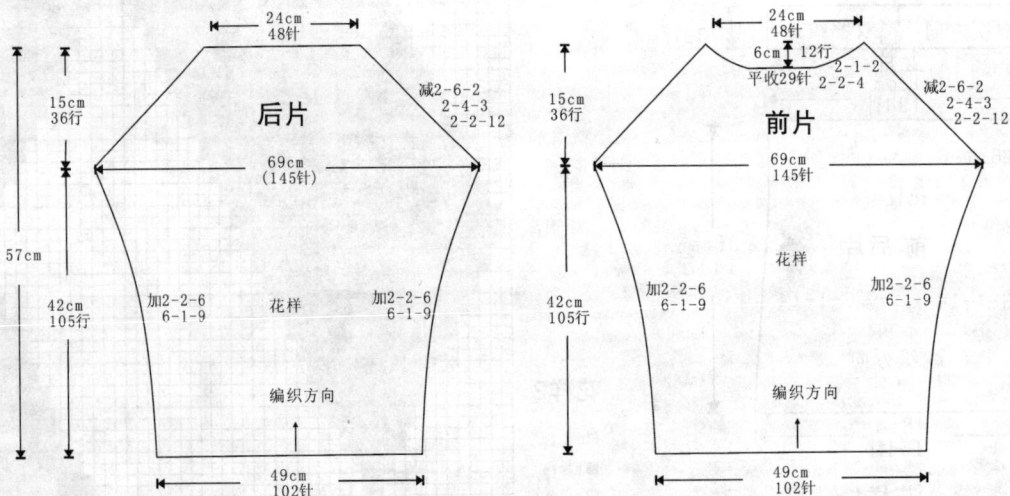

花样

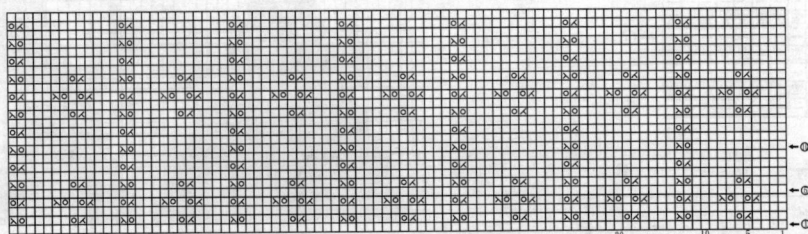

【成品尺寸】衣长55cm　胸围92cm

【工具】10号棒针　6号钩针

【材料】粉色丝棉段染线160g　粉色真丝线100g

【密度】10cm²：31针×40行

【制作方法】单股线编织，毛衣由前片、后片、袖片组成。

　　1.后片：用丝棉线起142针双罗纹针边，配色编织花样1后片，两侧减针收腰，身长共织35时两侧按结构图所示开始袖窿减针。袖窿完成减针后不加减针编织到肩部，收针断线。

　　2.前片：同样方法完成前片，身长共织45cm时进行前领窝减针，按图所示完成减针后编织至肩部收针，肩部余24针。

　　3.袖片：用接近身片颜色的段染丝棉线起74针，编织花样2袖山片，按图示两侧减针，共织7cm后收针断线，袖山余18针。用同样方法完成另一袖山片。

　　4.缝合：沿边将各片对应位置缝合，钩织领窝、袖窿装饰花样边。

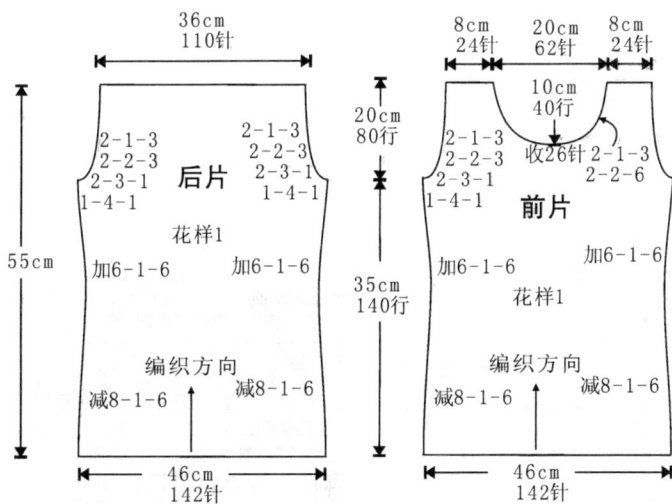

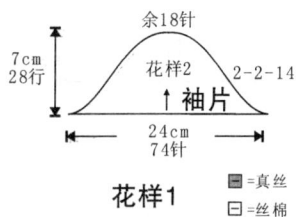

花样1

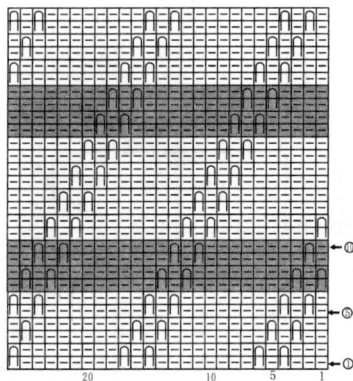

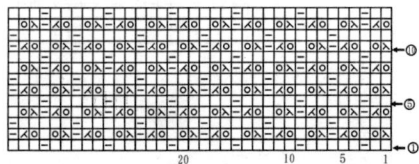

花样2

装饰边花样

125

妩媚短袖衫

【成品尺寸】衣长64cm　胸围92cm

【工具】10号棒针

【材料】黄色竹炭棉180g

【密度】$10cm^2$：31针×40行

【附件】装饰领片

【制作方法】单股线编织，毛衣由前片、后片、袖片组成。

　　1.后片：起142针编织花样后片，织49行后腰留出腰带穿孔，共织7行，然后继续花样编织，身长共织44cm时两侧按结构图所示开始袖窿减针。袖窿完成减针后不加减针编织到肩部，收针断线。

　　2.前片：用同样方法完成前片，身长共织44cm时同时进行袖窿和前领窝减针，按图所示完成减针后编织至肩部收针，肩部余24针。

　　3.袖片：起82针编织花样袖山片，按图示两侧减针，共织8cm后收针断线，袖山余18针。

　　4.缝合：沿边将各片对应位置缝合，挑织下针双层边及双罗纹针袖窿边，沿前领边缝实装饰领片。腰间穿入装饰腰带。

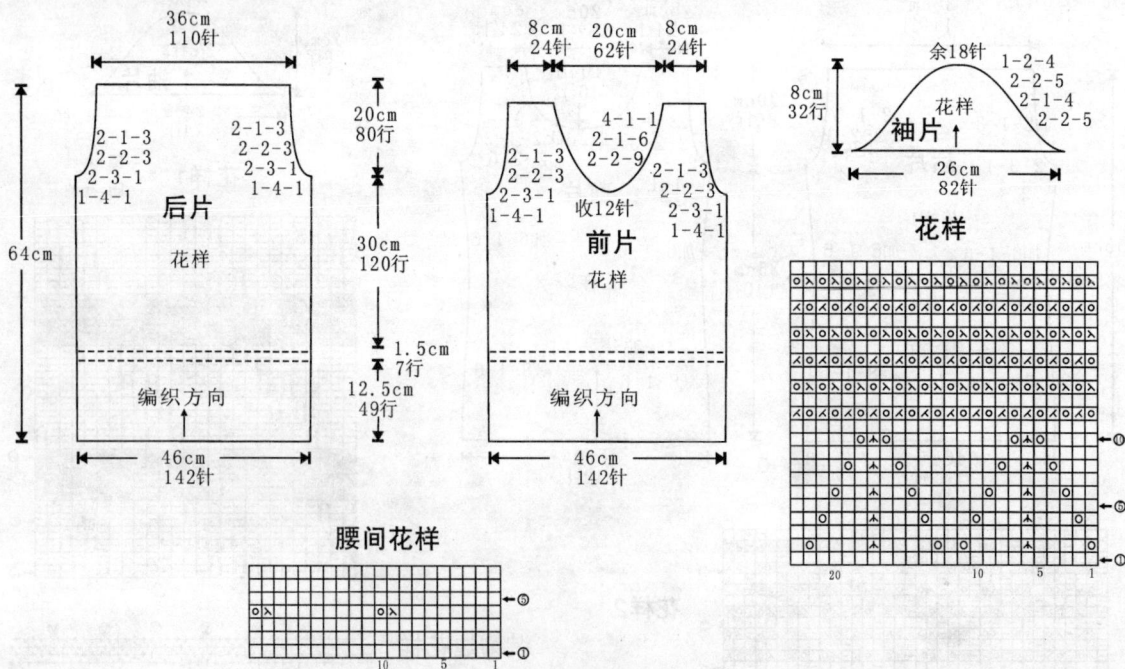

后片

36cm
110针

20cm
80行

2-1-3
2-2-3
2-3-1
1-4-1

64cm

30cm
120行

1.5cm
7行

12.5cm
49行

编织方向

46cm
142针

前片

8cm
24针　20cm
62针　8cm
24针

4-1-1
2-1-2
2-2-9

2-1-3
2-2-3
2-3-1
1-4-1

收12针

2-1-3
2-2-3
2-3-1
1-4-1

46cm
142针

袖片

余18针

8cm
32行

花样

1-2-4
2-2-5
2-1-4
2-2-5

26cm
82针

花样

20　　10　　5　　1

腰间花样

10　　5　　1

【成品尺寸】衣长70cm　胸围92cm

【工具】12号棒针

【材料】黄色牛奶绒360g　驼色牛奶绒80g　纱质布料

【密度】10cm²：42针×51行

【制作方法】单股线编织，毛衣由前、后片缝合而成。

　　1.后片：用黄色线起194针单罗纹针边，编织下针后片，两侧减针收腰，织50cm后两侧袖窿减针，按图减针，身长共织68cm时减出后领窝，肩部余28针，收针断线。

　　2.前片：用黄色线起194针单罗纹针边，然后配色编织花样前片，前上片织50cm时两侧袖窿减针，共编织56cm时进行前衣领减针，按结构图减完针后收针断线。

　　3.缝合：将前、后片沿侧缝对应缝实。沿领窝、袖窿挑织下针双层边。将纱质布料裁剪为上身片，与毛衣片缝合。

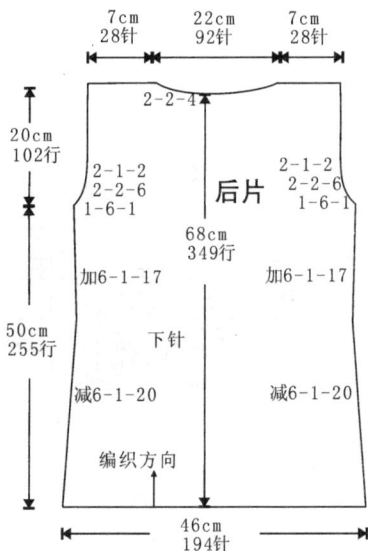

后片

7cm 28针　22cm 92针　7cm 28针

20cm 102行

2-2-4

2-1-2
2-2-6
1-6-1

2-1-2
2-2-6
1-6-1

68cm 349行

加6-1-17　　　加6-1-17

50cm 255行

下针

减6-1-20　　　减6-1-20

编织方向

46cm 194针

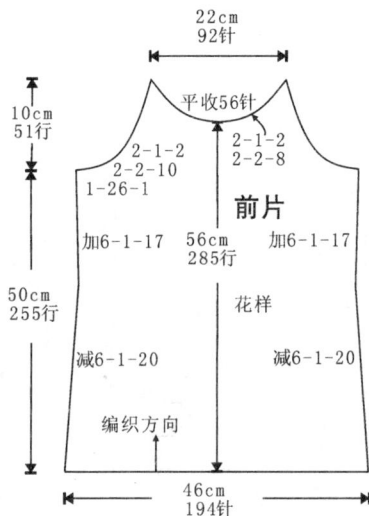

前片

22cm 92针

10cm 51行

平收56针

2-1-2
2-2-10
1-26-1

2-1-2
2-2-8

56cm 285行

加6-1-17　　　加6-1-17

50cm 255行

花样

减6-1-20　　　减6-1-20

编织方向

46cm 194针

花样

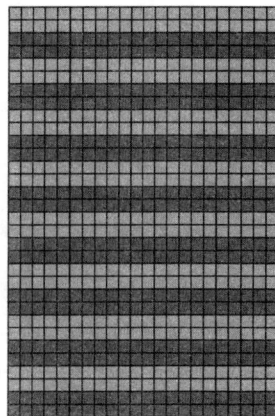

=黄色　■=驼色

127

时尚流苏短袖衫

【成品尺寸】衣长53cm 胸围92cm

【工具】9号棒针 4号钩针

【材料】驼色丝带线320g

【密度】$10cm^2$：20针×28行

【制作方法】单股线编织，毛衣由前片、后片、袖片组成。

1.后片：起90针编织下针后片，织35cm后按结构图开始两侧袖窿减针。袖窿完成减针后不加减针编织到肩部，收针断线。

2.前片：起90针编织下针前片，从中心位置开始花样编织，织35cm，先进行袖窿减针，织到41cm，即118行时两侧按图所示完成领窝减针，编织至肩部收针。

3.袖片：起24针从袖口编织下针袖片，两侧按加减针编织，加针织6cm，然后不加减针编织6cm，进行袖山减针。按图完成减针后收针断线，共织22cm。用同样方法完成另一片袖片。

4.缝合：沿边对应位置缝合，钩织短针装饰领边及绵羊针袖口装饰边。

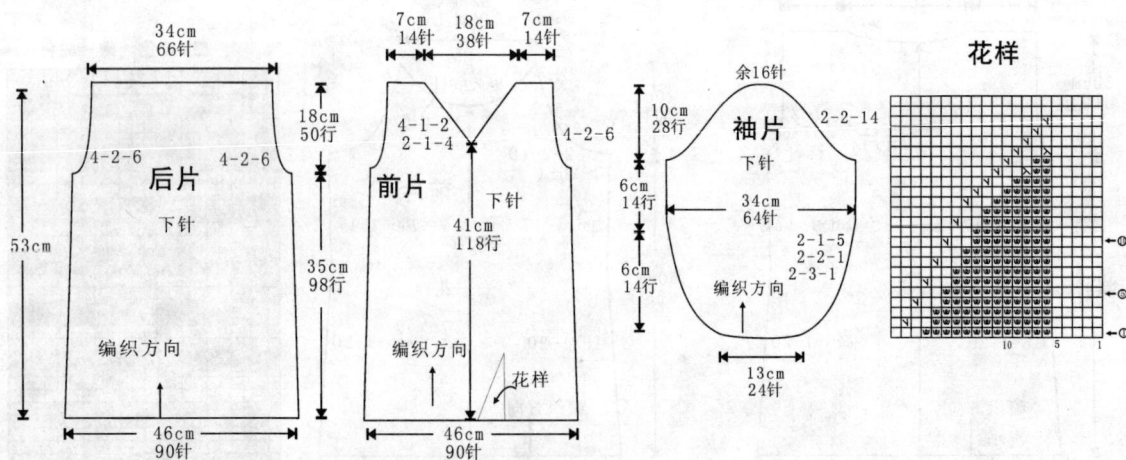

后片
34cm 66针
18cm 50行
4-2-6   4-2-6
下针
53cm
35cm 98行
编织方向
46cm 90针

前片
7cm 14针   18cm 38针   7cm 14针
4-1-2
2-1-4
4-2-6
下针
41cm 118行
编织方向
花样
46cm 90针

袖片
余16针
10cm 28行
2-2-14
下针
6cm 14行
34cm 64针
6cm 14行
2-1-5
2-2-1
2-3-1
编织方向
13cm 24针

花样
10 5 1

【成品尺寸】衣长53cm　胸围92cm

【工具】9号棒针　4号钩针

【材料】黄色丝带线320g

【密度】10cm²：20针×28行

【制作方法】单股线编织，毛衣由前片、后片、袖片组成。

　　1.后片：起90针花样后编织下针后片，织到35cm，即98行时按结构图开始袖窿减针。袖窿完成减针后不加减针编织到肩部，收针断线。

　　2.前片：用同样方法完成前片，先进行袖窿减针，织到41cm，即118行时中间留13针，两侧相反按图所示完成领窝减针，编织至肩部收针。

　3.袖片：起69针从袖口编织下针袖片，不加减针编织3cm，再进行袖山减针。按图完成减针后收针断线，共织13cm，余15针。

　4.缝合：沿边对应位置缝合，钩织装饰花样领边及绵羊针袖口装饰边。

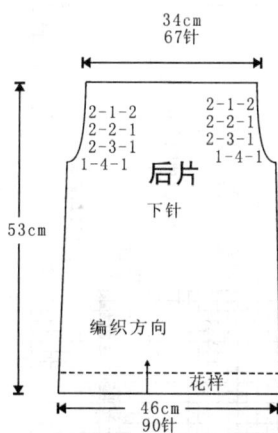

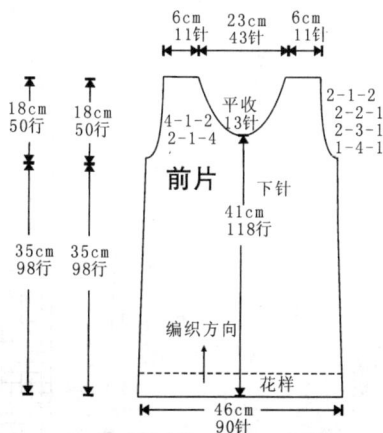

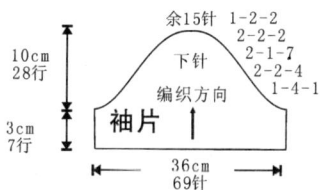

装饰边花样

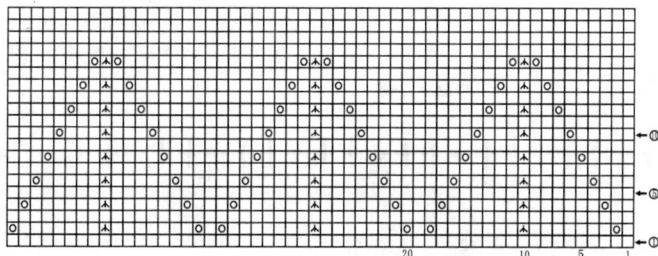

花样

风情无袖衫

【成品尺寸】衣长53cm　胸围92cm

【工具】5号棒针　环形针

【材料】浅驼色丝带线160g

【密度】10cm²：13针×23行

【制作方法】单股线编织，背心由前、后片完成。

　　1.后片：起60针编织下针后片，编织到35cm时两侧开始袖窿减针，按结构图减完针后，不加减针编织到肩部，肩部留余40针。

　　2.前片：用同样方法起60针编织花样前片，编织到35cm时同时进行袖窿、前领窝减针，按结构图减完针后，收针断线。

　　3.缝合：沿边对应相应位置缝实，挑钩短针装饰领边、袖窿边，下边钩出绵羊针装饰。

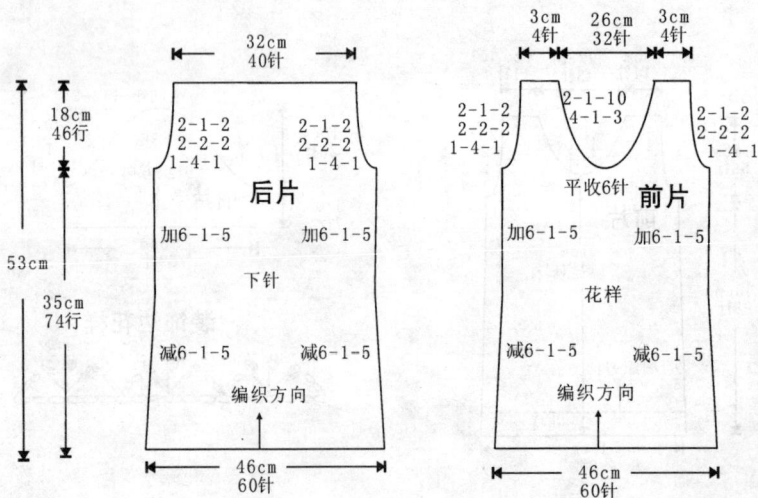

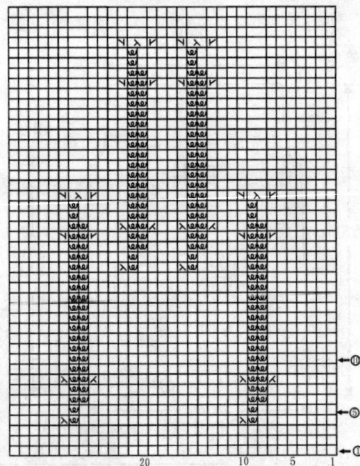

花样

装饰边花样

【成品尺寸】衣长65cm　胸围90cm

【工具】11号棒针

【材料】浅紫色开司米线260g

【密度】$10cm^2$：36针×37行

【附件】纽扣8枚

【制作方法】二股编织，背心由前、后片组成。

　　1.后片：起162针，从身片侧缝开始编织花样后片，一侧按图示加针编织，一侧不加减针，织到22cm，即完成肩部加针，然后不加减针编织20cm，完成后领，再按加针针数如数减针编织另一侧，完成后收针断线。后片共织64cm。

　　2.前片：用同样方法编织前片，加针织到22cm，完成肩部加针后，开始前衣领加减针，共编织80行，即完成前领窝，再按加针针数，如数减针编织另一侧，完成后，收针断线。

　　3.缝合：单股线起针编织下针袖窿边2条、衣领边2条、肩缝边4条，分别沿肩缝等边缝合。二股线沿衣边挑织单罗纹针下边，共织15cm。钉好装饰纽扣。

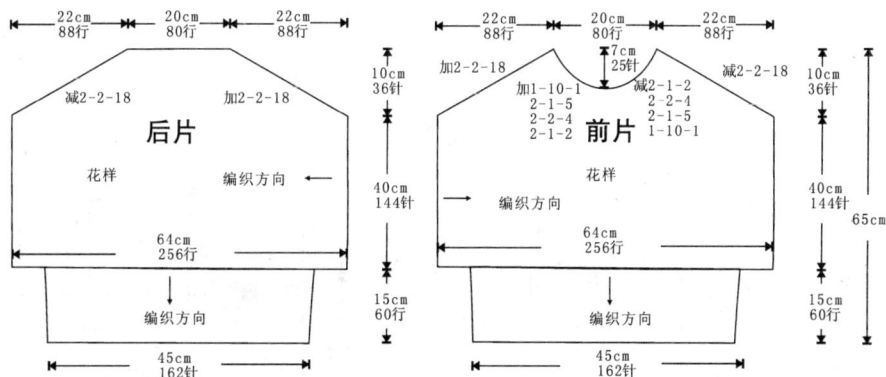

花样

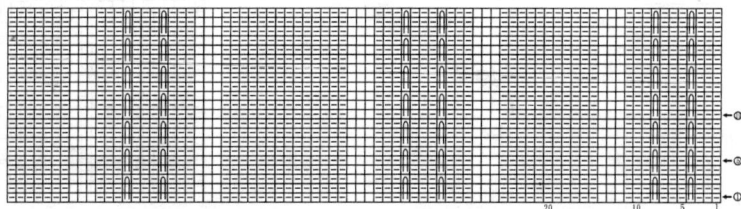

可爱连帽短装

【成品尺寸】衣长47cm　胸围90cm

【工具】7号棒针

【材料】白色棉绒线320g

【密度】$10cm^2$：21针×25行

【附件】纽扣4枚　装饰丝带

【制作方法】二股线编织，毛衣由前片、后片、袖片、帽片、袋片组成。

    1.后片：起94针双罗纹针边后编织花样后片，编织到25cm时开始袖窿减针，按结构图减完针后不加减针编织到肩部，两肩部各余8cm。

    2.前片：起46针编织花样前片，编织到25cm时进行袖窿减针，编织到35cm时前衣领减针，按结构图减完针后收针断线。用同样方法完成另一侧前片，减针方向相反。

    3.袖片：起52针双罗纹针从袖口编织花样袖片，不加减针编织44cm后开始袖山减针，按图所示减针后余18针，断线。用同样方法再完成另一片袖片。

    4.帽片：沿领边挑织44cm花样帽片，共织32cm，在帽顶对接沿边缝合。

    5.袋片：起16针编织花样袋片，不加减针织10cm，收针断线，袋口穿入装饰丝带，贴前片双罗纹针边处从内侧缝实。用同样方法完成另一侧袋片。

    6.缝合：沿边对应位置缝实。另起针单独编织单罗纹针衣襟边及帽边，一侧留出扣眼位置，完成后沿衣襟边缝合。整体完成后钉好纽扣。

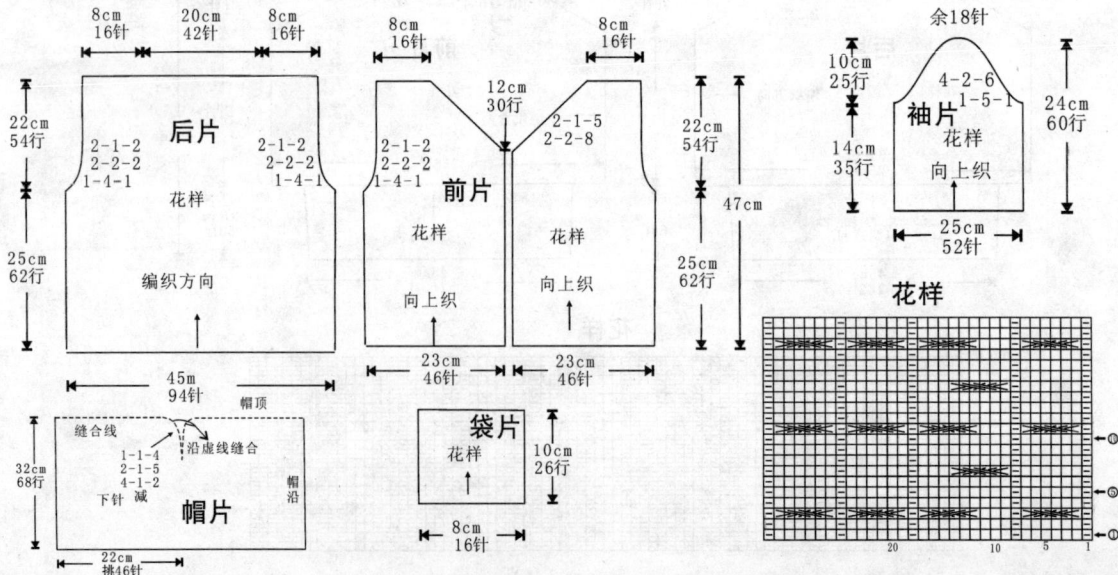

【成品尺寸】衣长47cm　胸围90cm

【工具】7号棒针

【材料】白色棉绒线280g　花线120g

【密度】10cm²：21针×25行

【附件】拉链1条　纽扣2枚

【制作方法】二股线编织，毛衣由前片、后片、帽片、袋片、袋盖片组成。

1.后片：花线起94针双罗纹针边后配色编织花样1后片，编织到27cm时开始袖窿减针，按结构图减完针后不加减针编织到肩部，两肩部各余8cm。

2.前片：花线起46针编织花样1前片，编织到27cm时进行袖窿减针，编织到35cm时前衣领减针，按结构图减完针后收针断线。用同样方法完成另一侧前片，减针方向相反。

3.袋片：起38针编织花样2袋片，不加减针织12cm，收针断线。起22针编织下针袋盖，织8行后两侧同时减针，全部收完。各完成2片。将袋片由上针处对褶固定，贴前片缝实，上侧缝实袋盖片。钉好装饰纽扣。

4.缝合：沿边对应位置缝实。另起针沿领边挑织60针花样帽片，共织32cm，在帽顶对接沿边缝合。挑织双罗纹针衣襟边、帽边及袖窿边，缝实拉链。

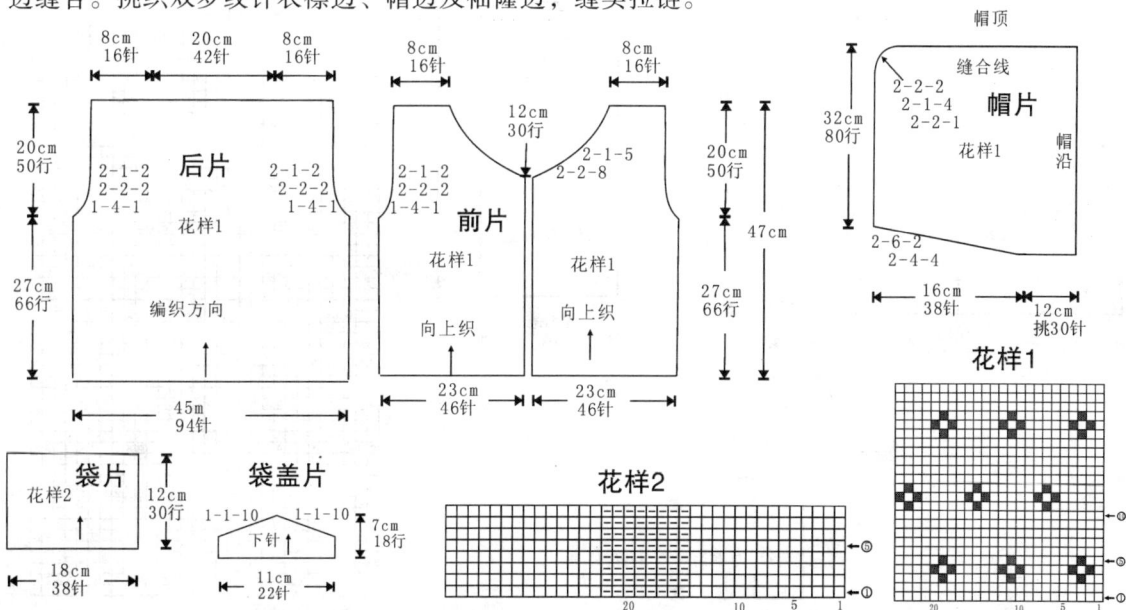

帽顶

后片

8cm 16针　20cm 42针　8cm 16针

20cm 50行

2-1-2
2-2-2
1-4-1

2-1-2
2-2-2
1-4-1

后片
花样1

27cm 66行

编织方向

45cm 94针

前片

8cm 16针　　8cm 16针

12cm 30行

2-1-2
2-2-2
1-4-1

2-1-5
2-2-8

前片

花样1
向上织

花样1
向上织

23cm 46针　23cm 46针

20cm 50行

47cm

27cm 66行

帽片

32cm 80行

缝合线
2-2-2
2-1-4
2-2-1

帽片
花样1

帽沿

2-6-2
2-4-4

16cm 38针　12cm 挑30针

花样1

袋片

花样2　袋片

12cm 30行

18cm 38针

袋盖片

1-1-10　1-1-10

下针

7cm 18行

11cm 22针

花样2

20　　10　5　1

133

轻盈短袖开衫

【成品尺寸】衣长50cm　胸围92cm

【工具】9号棒针

【材料】交织花色线230g

【密度】$10cm^2$：25针×32行

【制作方法】单股线编织，毛衣由前片、后片、袋片组成。

　　1.后片：起114针编织下针双层边后，编织下针后片，两侧减针收腰，共编织50cm，最后余34cm。

　　2.前片：横向编织前片，起125针编织花样前片，一侧织到20cm时，进行肩部减针，一侧不加减针编织，按图示减针后，共织24cm。用同样方法再完成另一片前片，减针方向相反。

　　3.袋片：起40针，编织下针，袋片，不加减针织11cm，共织2片。

　　4.缝合：将袋片夹入前、后片侧缝中后，再缝合前、后片，留出袖窿位置，缝实袋片其他位置，然后将前片减针处与后片肩部对应缝合。

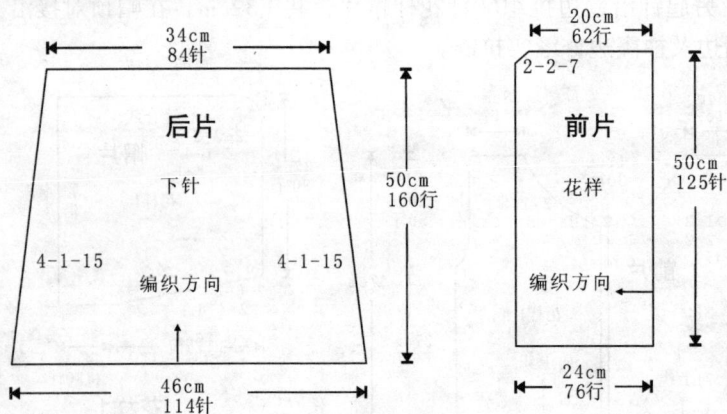

后片
34cm
84针
下针
50cm
160行
编织方向
4-1-15　　4-1-15
46cm
114针

前片
20cm
62行
2-2-7
花样
50cm
125针
编织方向
24cm
76行

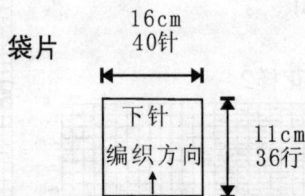

袋片
16cm
40针
下针
编织方向
11cm
36行

花样

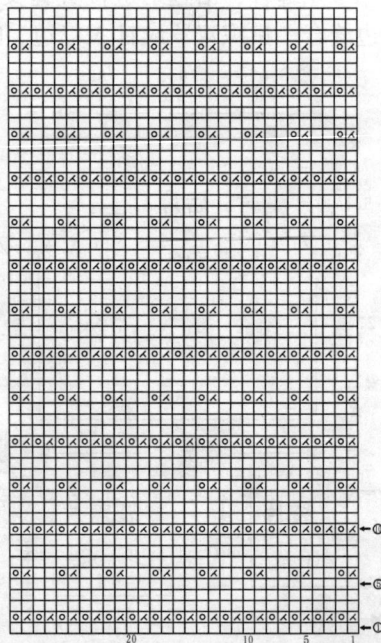

【成品尺寸】衣长40cm　胸围100cm

【工具】10号棒针

【材料】白色银丝交织线500g

【密度】10cm²：32针×40行

【制作方法】二股编织，毛衣由前片、后片、下片、袋片组成。

　　1.后片：起80针从袖口开始编织下针后片，一侧按图示加针编织，一侧不加减针编织，加到144行即完成袖片，然后开始后领减针，后领织80行，再按加针针数如数减针编织另一侧，完成后收针断线，后片共织92cm。

　　2.前片：用同样方法编织前片，加针织到144行完成肩部加针后，开始前衣领减针，按图完成加减针后，编织40行即完成前领窝，前片共织46cm。用同样方法完成另一侧前片。

　3.后下片：起160针双罗纹针边，编织下针后下片，不加减针织15cm，收针断线。

　4.前下片：起48针双罗纹针，编织下针前下片，不加减针织15cm，收针断线，完成2片。

　5.袋片：起48针编织下针袋片，不加减针织5cm，一侧减针留袋口，一侧不加减针织到14cm收针断线，完成2片，减针方向相反。将前袋片上侧拿褶固定后与前下片沿边缝合，留出袋口位置。

　6.缝合：将上、下片和前、后片对接缝合，挑织下针领边及双罗纹针袖口边。

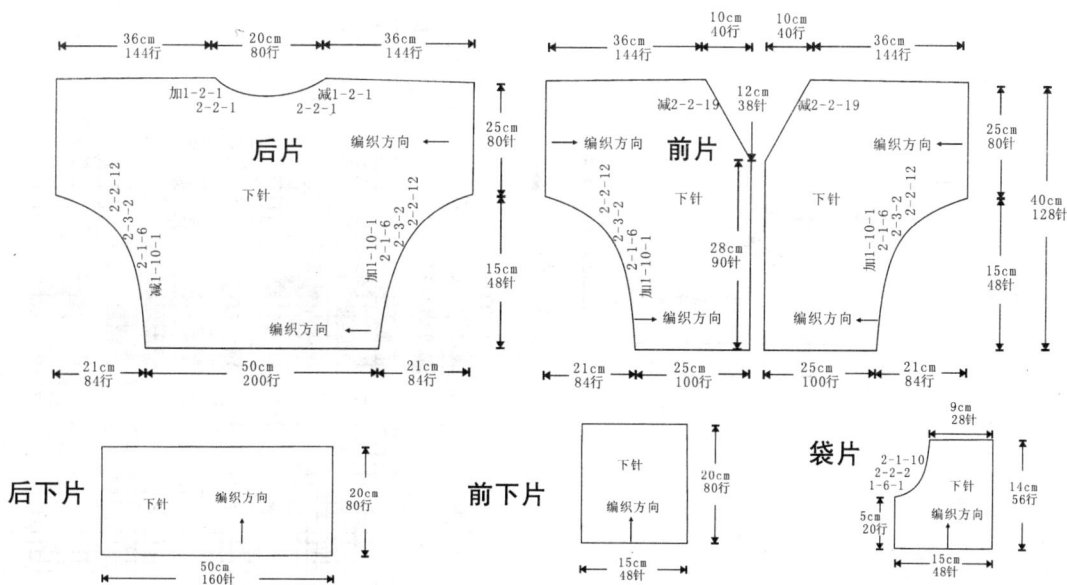

后片

加1-2-1　2-2-1
减1-2-1　2-2-1

编织方向

下针

2-2-12　2-2-3-2　2-1-6　2-1-10-1
加1-10-1
减1-10-1

编织方向

36cm 144行　20cm 80行　36cm 144行

25cm 80针　15cm 48针

21cm 84行　50cm 200行　21cm 84行

前片

减2-2-19　减2-2-19

12cm 38针

编织方向　编织方向

下针　下针

2-2-12　2-2-3-2　2-1-6　2-1-10-1
加1-10-1

28cm 90针

编织方向

36cm 144行　10cm 40行　10cm 40行　36cm 144行

25cm 80针　15cm 48针　40cm 128针

21cm 84行　25cm 100行　25cm 100行　21cm 84行

后下片

下针　编织方向

50cm 160针　20cm 80行

前下片

下针　编织方向

15cm 48针　20cm 80行

袋片

2-1-10　2-2-2　1-6-1

下针

5cm 20行　编织方向

9cm 28针　14cm 56行

15cm 48针

知性短袖装

【成品尺寸】衣长66cm　胸围105cm

【工具】11号棒针

【材料】段染细毛线220g　白色细毛线60g

【密度】$10cm^2$：25针×32行

【制作方法】单股线编织，衣服由单片编织完成。

1.身片：起90针编织6cm双罗纹针边，开始配色编织单片花样身片，不加减针共编织21cm，在一侧加出75针后连续编织，不加减针织19cm后在加针侧收掉90针，然后不加减针编织44cm，再在加针侧加出20针，然后不加减针编织花样和双罗纹针边，共织40cm后收针断线。

2.缝合：沿对折点将身片对折后，沿图标边对应缝合，留出袖窿位置，挑织双罗纹针领边及袖边。因衣服是斜穿，所以实际穿身上要比织的尺寸显得大些。

花样

说明：

—— = 对应缝合处

△ = 对折点

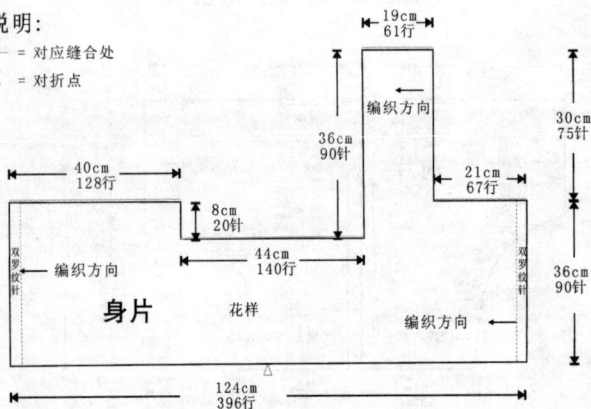

身片　　花样

【成品尺寸】衣长59cm　胸围100cm

【工具】10号棒针

【材料】红色细毛线280g

【密度】$10cm^2$：23针×34行

【制作方法】单股线编织，毛衣由前、后片组成。

　　1.后片：起116针，编织双罗纹针边编织花样后片，不加减针织30cm后，加出袖窿，共织12cm，然后减出肩部，按图示完成加减针后，收针断线。

　　2.前片：用同样方法编织一侧花样前片，编织至45cm时，减出前领窝。用同样方法完成另一侧前片，减针方向相反。

　　3.缝合：将前、后片对接缝合，沿前衣边挑织双罗纹针边，再沿领窝挑织双罗纹针边，挑织两侧袖窿下针包边。

后片

21cm / 48针

减2-2-27　　减2-2-27

68cm / 156针

加12-2-10　　加12-2-10

花样

编织方向

50cm / 116针

17cm / 56行

12cm / 40行

30cm / 102行

57cm

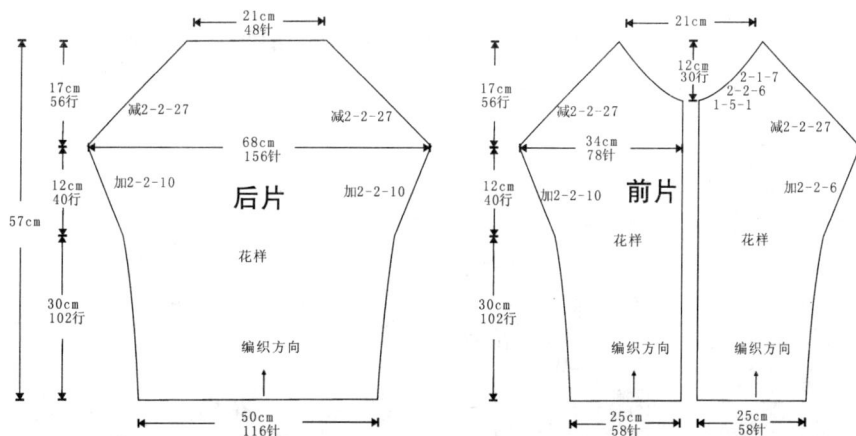

前片

21cm

12cm / 30行

2-1-7
2-2-6
1-5-1

减2-2-27　　减2-2-27

34cm / 78针

加12-2-10　　加12-2-6

花样　　花样

编织方向　　编织方向

25cm / 58针　　25cm / 58针

17cm / 56行

12cm / 40行

30cm / 102行

花样

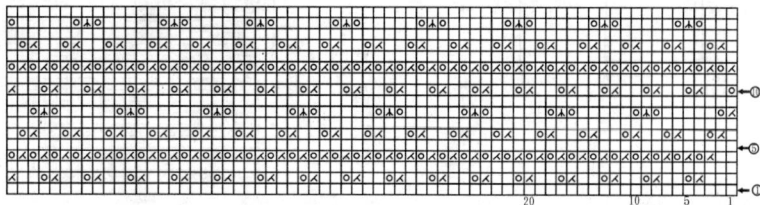

20　　10　5　1

137

怀旧条纹短袖衫

【成品尺寸】衣长62cm　胸围96cm　袖长14cm

【工具】9号棒针

【材料】茄紫色银丝交织线120g　灰色开司米线100g

【密度】10cm²：25针×32行

【附件】装饰纱及装饰扣片

【制作方法】单股线编织，毛衣由前片、后片、袖片组成。

　　1.后片：单色线起120针，编织双罗纹针边，然后配色编织花样后片，编织到40cm时，开始袖窿减针，身长共编织到61cm时，进行后领窝减针，按结构图减针后，编织到肩部，两肩部各余6cm。

　　2.前片：用同样方法起120针编织前片，织到34cm，变为下针配色编织，身长共织40cm时，进行前领窝及袖窿减针，按图示减针后，肩部余6cm。

　　3.袖片：单色线起86针，编织双罗纹针边，从袖口编织配色下针袖片，不加减针织4cm后开始袖山减针，按图所示，减针后余40针，断线。用同样方法再完成另一片外袖片。

　　4.缝合：对应相应位置缝合，将袖山拿褶后与身片缝合。沿领窝挑织下针包边领边，沿前领窝内侧缝好装饰纱及装饰扣片。

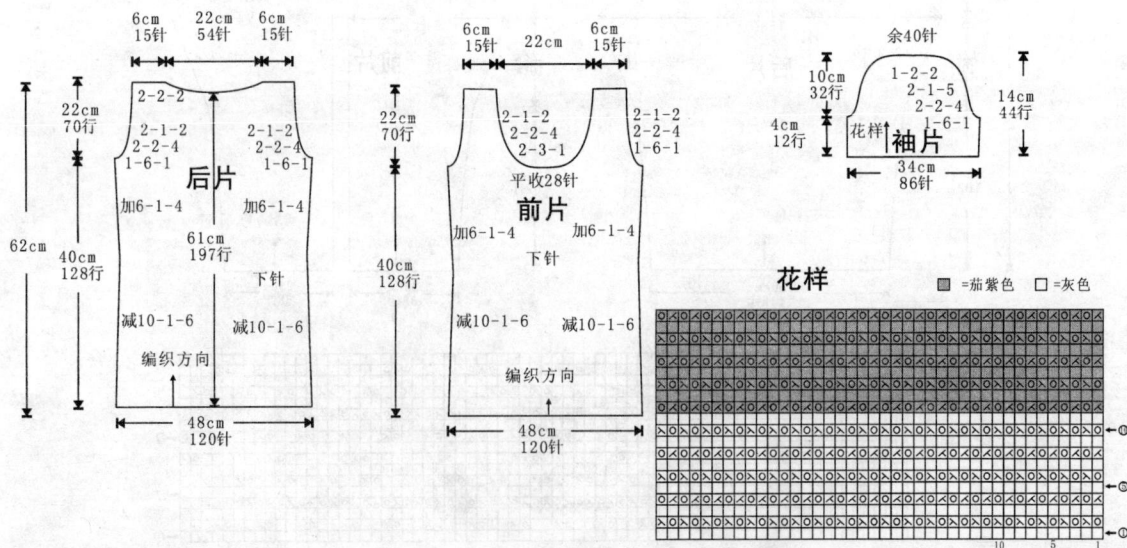

后片

6cm 15针　22cm 54针　6cm 15针

22cm 70行

2-2-2
2-1-2　2-1-2
2-2-4　2-2-4
1-6-1　1-6-1

加6-1-4　加6-1-4

62cm
40cm 128行

61cm 197行
下针

减10-1-6　减10-1-6

编织方向

48cm 120针

前片

6cm 15针　22cm　6cm 15针

22cm 70行

2-1-2　2-1-2
2-2-4　2-2-4
2-3-1　1-6-1

平收28针

加6-1-4　加6-1-4

40cm 128行
下针

减10-1-6　减10-1-6

编织方向

48cm 120针

袖片

余40针

10cm 32行

1-2-2
2-1-5
2-2-4
1-6-1

14cm 44行

4cm 12行　花样

34cm 86针

花样

■=茄紫色　□=灰色

10　5　1

【成品尺寸】衣长75cm　胸围96cm　袖长9cm
【工具】10号棒针
【材料】蓝银线交织棉绒500g　白色棉绒线60g
【密度】10cm²：31针×40行
【附件】松紧带
【制作方法】单股线配色编织，毛衣由前片、后片、袖片、袋片组成。

　　1.后片：蓝色线起148针双罗纹针边，配色线编织花样后片，两侧减针收腰，身长共织55时两侧按结构图所示开始袖窿减针。袖窿完成减针后不加减针编织到肩部，收针断线。

　　2.前片：用同样方法完成前片，身长共织55cm时开始进行袖窿、前领窝减针，按图所示完成减针后编织至肩部收针，肩部余24针。

　　3.袖片：用蓝色线起82针双层下针边，然后编织花样袖山片，按图示两侧减针，共织9cm后收针断线，袖山余16针。

　　4.袋片：用配色线起124针编织花样袋片，不加减针共织56行，收针断线。沿一侧长边缝实松紧带作袋口。

　　5.缝合：将袋片花样反面向外，与前片右侧沿边固定，留出袋口位置不缝，然后将各片对应位置缝合，挑织双罗纹针领边，缝好领尖。

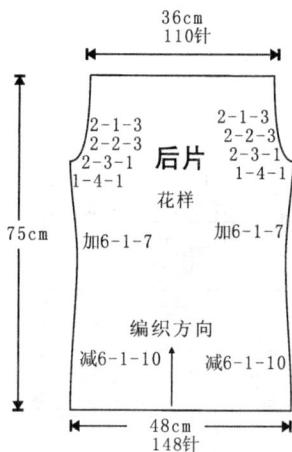

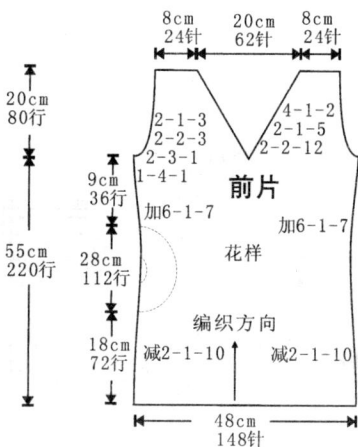

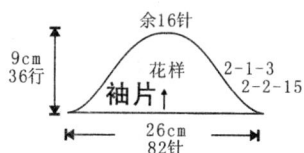

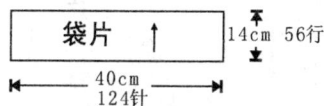

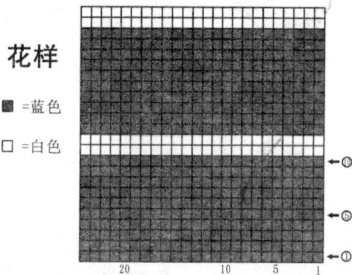

后片

36cm
110针

2-1-3
2-2-3
2-3-1
1-4-1

2-1-3
2-2-3
2-3-1
1-4-1

花样

加6-1-7　　加6-1-7

编织方向

减6-1-10　　减6-1-10

75cm

48cm
148针

20cm
80行

55cm
220行

前片

8cm
24针

20cm
62针

8cm
24针

2-1-3
2-2-3
2-3-1
1-4-1

4-1-2
2-1-5
2-2-12

加6-1-7

花样

编织方向

减2-1-10　　减2-1-10

9cm
36行

28cm
112行

18cm
72行

48cm
148针

袖片

余16针

9cm
36行

花样

2-1-3
2-2-15

26cm
82针

袋片

14cm　56行

40cm
124针

花样

■=蓝色

□=白色

20　　　10　5　1

清纯高腰短袖衫

【成品尺寸】衣长75cm　胸围92cm　袖长8cm

【工具】10号棒针

【材料】湖蓝色丝棉线280g

【密度】$10cm^2$：32针×40行

【附件】纽扣2枚

【制作方法】二股线编织，毛衣由前片、后片、下片、袖片缝合而成。

1.下片：起224针下针双层边，然后编织花样1下片，不加减针织45cm后收针断线。织前、后片各1片。

2.后片：起146针编织下针后上片，织4行时留出腰带穿孔，不加减针织10cm后两侧袖窿减针，按图减针后肩部余22针，后上片共织29cm时减出后领窝。

3.前片：另起146针编织下针前上片，织4行时留出腰带穿孔，织5cm后中间平收32针，两侧分片不加减针织5cm后开始前衣领和袖窿减针，按图减针后肩部余22针，收针断线。用同样方法完成另一侧。

4.袖片：起64针编织10行双罗纹针边后编织花样2袖山片，按图示两侧减针，共织8cm后收针断线，袖山余20针。用同样方法完成另一片袖片。

5.缝合：分别将前后裙片均匀拿6个活褶固定，再与上片对接缝实，然后将前后片、袖片对应缝合。沿领窝挑织双罗纹针边，织5cm，将5cm未减针处对接缝合。腰间穿入单独编织的装饰腰带。缝实装饰纽扣。

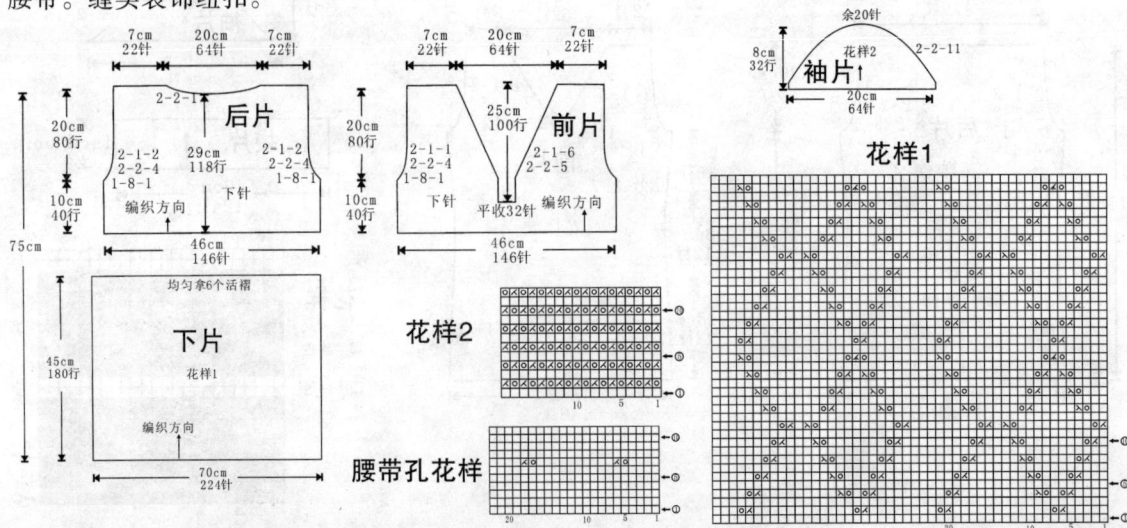

后片

7cm 22针　20cm 64针　7cm 22针

2-2-1

20cm 80行

2-1-2 2-2-4 1-8-1　29cm 118行　2-1-2 2-2-4 1-8-1

10cm 40行

下针

编织方向

75cm

46cm 146针

前片

7cm 22针　20cm 64针　7cm 22针

20cm 80行

25cm 100行

2-1-1 2-2-4 1-8-1　2-1-6 2-2-5

10cm 40行

下针　平收32针　编织方向

46cm 146针

袖片

余20针

8cm 32行　花样2　2-2-11

20cm 64针

下片

均匀拿6个活褶

45cm 180行

花样1

编织方向

70cm 224针

花样1

花样2

10　5　1

腰带孔花样

20　10　1

20　10　1

【成品尺寸】衣长82cm　胸围114cm　袖长8cm

【工具】10号棒针　6号钩针

【材料】绿色竹棉线260g

【密度】10cm²：32针×40行

【制作方法】单股线编织，毛衣由前片上下、后片上下、袖片缝合而成。

1.后片：起182针双罗纹针，编织花样后下片，两侧减针收腰，织40cm后收针断线。另起146针双罗纹针编织下针后上片，身长织24cm后两侧袖窿减针，按图减针后肩部余22针，后上片共织40cm时减出后领窝。

2.前片：起182针双罗纹针边，编织花样前下片，两侧减针收腰，织40cm后收针断线。另起146针编织下针前上片，织24cm后开始两侧袖窿减针，织32cm时进行前领窝减针，按图减针后肩部余22针，收针断线。

3.袖片：起82针双罗纹针编织花样袖山片，两侧袖山减针，按图减针后余22针，断线。用同样方法完成另一片袖片。

4.单元花：圈起钩5组3针辫子针1针长针和3针辫子针作花心，第二圈从第一圈每个花瓣底部钩出3针辫子针，第三圈在辫子针内钩出5针扇形针，以后每二圈重复一次第二、三圈钩法，每圈要增加扇形针数，花的大小由圈数决定。共完成2个单元花。

5.缝合：将后上下片、前上下片连接缝合，然后将前、后片对应缝实，缝合袖片。沿领窝挑钩装饰花边。腰间缝好装饰单元花。

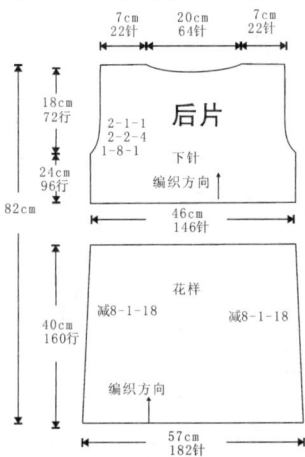

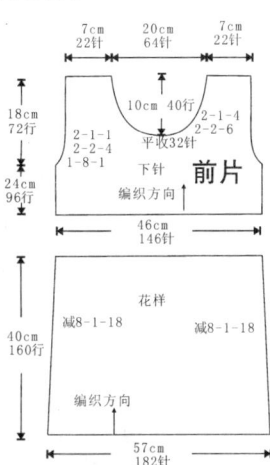

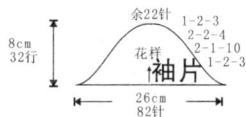

单元花样

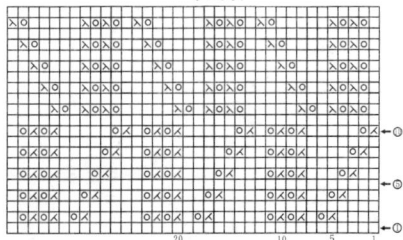

花样

领边花样

【成品尺寸】衣长80cm　胸围92cm　袖长12cm

【工具】10号棒针

【材料】蓝色开司米线220g

【密度】10cm²：32针×40行

【制作方法】单股线编织，背心由前、后上下片、袖片缝合而成。

　　1.后片：起162针下针双层边编织花样后下片，两侧减针收腰，身长共织45cm后收针断线。另起146针编织下针后上片，织4行后隔8针减出装饰带穿孔，然后不加减针织15cm后两侧袖窿减针，按图减针后肩部余22针，后上片共织34cm时减出后领窝。

　　2.前片：起162针下针双层边编织花样前下片，两侧减针收腰，织45cm后收针断线。另起114针编织下针前上片，织4行后隔8针减出装饰带穿孔，然后一侧开始减针，另一侧不加减针，织15cm后从不减针侧开始袖窿减针，按图减针后肩部余22针，收针断线。用同样方法完成另一侧前片，减针方向相反。

　　3.袖片：起128针领边花样针边，从袖口编织花样袖片，织3cm后开始袖窿减针，按图减针后余64针，断线。用同样方法完成另一片袖片。

　　4.缝合：先将前片重叠沿下边缝合，再将上、下片对应缝合，然后将前、后片对应缝实，连接拿活褶固定的袖片缝实。沿领窝挑织下针双层装饰边。腰间穿入单独编织的装饰带。

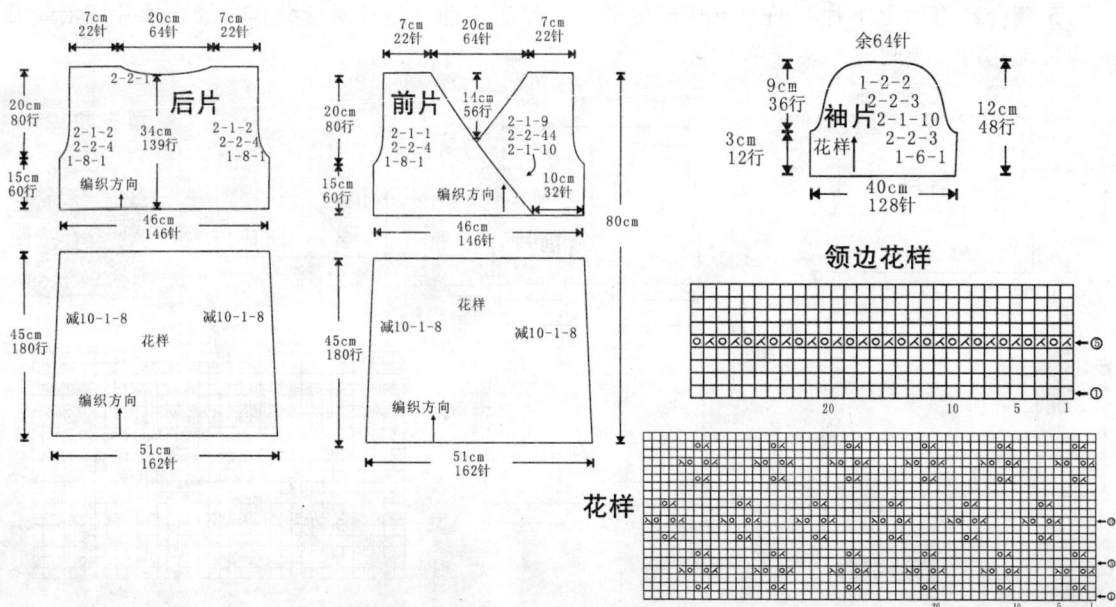

领边花样

花样

142

休闲蝙蝠衫

【成品尺寸】衣长66cm　胸围105cm
【工具】11号棒针
【材料】灰色段色细毛线280g
【密度】10cm²：25针×32行
【制作方法】单股线编织。衣服由单片编织完成。

　　1.身片：起90针编织6cm双罗纹针边，开始编织单片花样身片，不加减针共编织21cm，在一侧加出75针后连续编织，不加减针织19cm后在加针侧收掉90针，然后不加减针编织44cm，再在加针侧加出20针，然后不加减针编织花样和双罗纹针边共40cm后收针断线。

　　2.缝合：沿对折点将身片对折后沿图标边对应缝合，留出袖窿位置，挑织双罗纹针领边及袖边。

说明：
—— = 对应缝合处
△ = 对折点

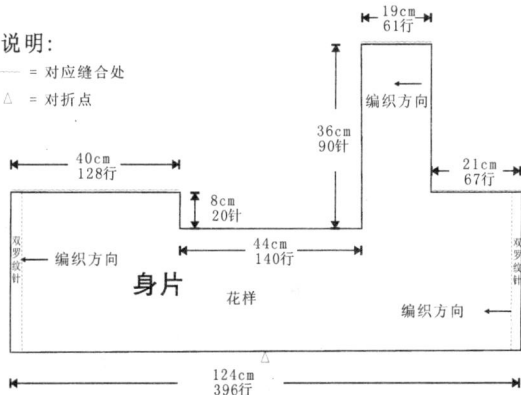

花样

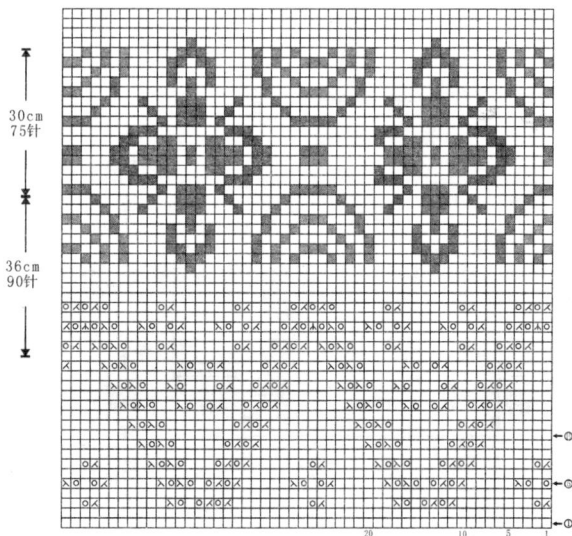

【成品尺寸】衣长70cm　胸围90cm

【工具】11号棒针

【材料】蓝色断染线340g

【密度】$10cm^2$：36针×40行

【附件】装饰图案

【制作方法】单股线编织。背心由前、后片组成。

　　1.后片：起120针织双层下针边，从袖口开始编织上针后片，一侧按图示加针编织，一侧不加减针，不加减针侧织94行后平加出54针，加减针侧织到36cm即完成肩部加针，然后不加减针编织20cm完成后领，再按加针针数如数减针编织另一侧，完成后收针断线。后身片共织92cm。

　　2.前片：用同样方法编织前片，加针织到36cm完成肩部加针后，开始前衣领加减针，共编织80行即完成前领窝，再按加针针数如数减针编织另一侧，完成后收针断线。

　　3.缝合：沿边对应缝合，挑织单罗纹针下边，共织15cm。挑织双层下针衣领边。高温印好装饰图案。

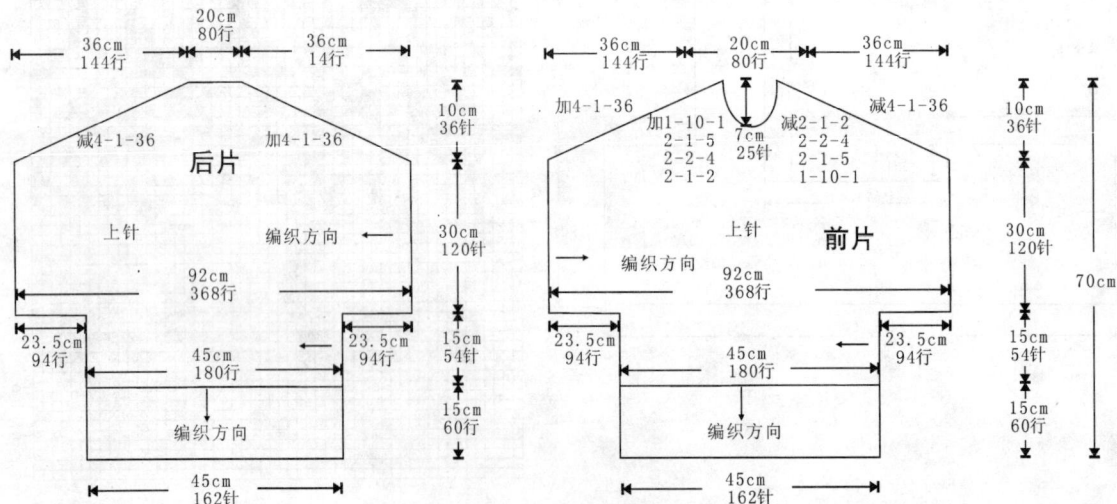

后片

- 36cm 144行　｜　20cm 80行　｜　36cm 14行
- 减4-1-36　　加4-1-36
- 上针　　编织方向
- 92cm 368行
- 23.5cm 94行　　45cm 180行　　23.5cm 94行
- 编织方向
- 45cm 162针
- 10cm 36针 / 30cm 120针 / 15cm 54针 / 15cm 60行

前片

- 36cm 144行　｜　20cm 80行　｜　36cm 144行
- 加1-10-1 / 2-1-5 / 2-2-4 / 2-1-2　7cm 25针　减2-1-2 / 2-2-4 / 2-1-5 / 1-10-1
- 加4-1-36　　减4-1-36
- 上针　　编织方向　前片
- 92cm 368行
- 23.5cm 94行　　45cm 180行　　23.5cm 94行
- 编织方向
- 45cm 162针
- 10cm 36针 / 30cm 120针 / 15cm 54针 / 15cm 60行 / 70cm

【成品尺寸】衣长66cm　胸围123cm

【工具】11号棒针

【材料】咖啡色毛线260g

【密度】10cm²：25针×32行

【制作方法】单股线编织，衣服由单片编织完成。

　　1.身片：起90针，编织单片花样身片，不加减针共编织41cm，在一侧加出75针后，连续编织，不加减针织19cm后，在加针侧收掉90针，然后不加减针编织3cm，再在加针侧加出20针，然后不加减针编织花样60cm后，收针断线。

　　2.缝合：沿对折点将身片对折后，沿图标边对应缝合，留出袖窿位置，挑织双罗纹针下边、领边及袖边。

花样

说明：

—— = 对应缝合处

△ = 对折点

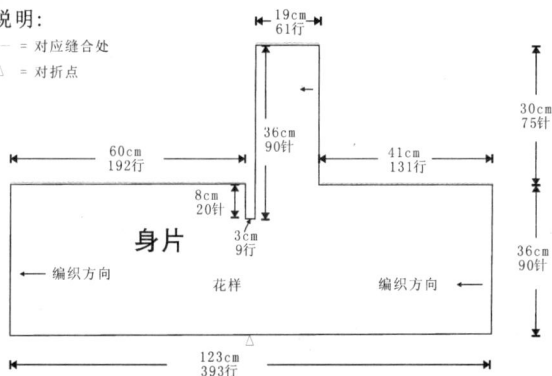

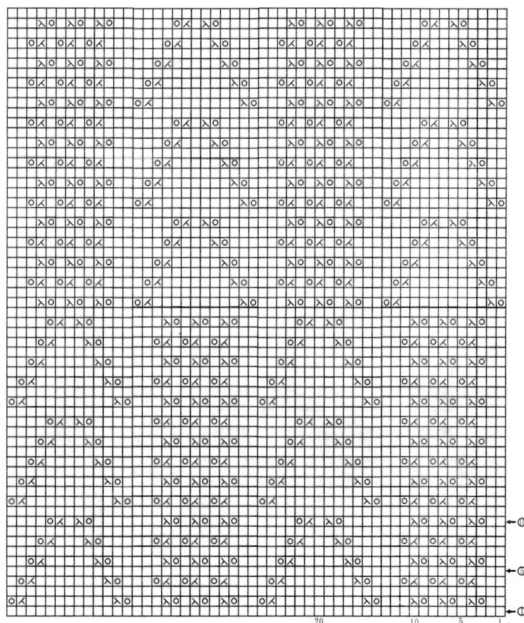

甜美公主装

【成品尺寸】衣长80cm　胸围102cm　袖长8cm

【工具】10号棒针

【材料】浅驼色开司米线200g

【密度】$10cm^2$：32针×38行

【附件】纽扣3枚

【制作方法】单股线编织，毛衣由前、后上下片、袖片缝合而成。

1. 下片：起162针单罗纹针边，然后编织上针后下片，不加减针织45cm后收针断线，完成2片。

2. 后上片：起146针编织花样后上片，不加减针织10cm后两侧袖窿减针，按图减针后肩部余19针，后上片共织34cm时减出后领窝。

3. 前上片：起146针编织花样前上片，不加减针织10cm后进行袖窿减针，共织16cm时开始前领窝减针，按图减针后肩部余19针，收针断线。

4. 袖片：起98针编织花样袖山片，按图示两侧减针，共织8cm后收针断线，袖山余34针。

5. 缝合：先将下片及袖片均匀拿活褶固定，位置可随意调节，拿完褶后将上、下片对应缝合，再将前、后片对应缝实。沿领窝挑织单罗纹针双层领边。钉好纽扣。

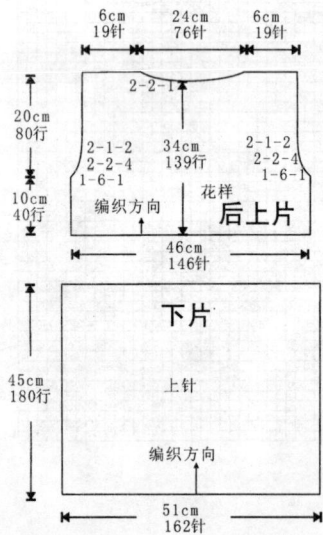

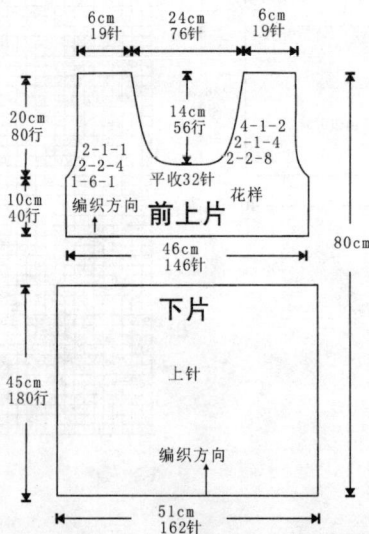

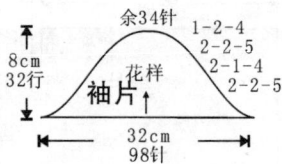

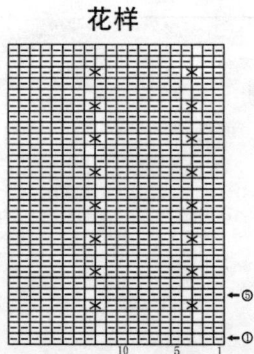

后上片

6cm 19针　24cm 76针　6cm 19针

20cm 80行

2-2-1

2-1-2　34cm 139行　2-1-2
2-2-4　　　　　　　2-2-4
1-6-1　　　　　　　1-6-1

10cm 40行

编织方向　后上片　花样

46cm 146针

前上片

6cm 19针　24cm 76针　6cm 19针

20cm 80行

14cm 56行

2-1-1　　　　　　4-1-2
2-2-4　　　　　　2-2-4
1-6-1　平收32针　2-2-8

10cm 40行

编织方向　前上片　花样

46cm 146针

80cm

袖片

余34针

8cm 32行

袖片　花样

1-2-4
2-2-5
2-1-4
2-2-5

32cm 98针

花样

下片

45cm 180行

上针

编织方向

51cm 162针

下片

45cm 180行

上针

编织方向

51cm 162针

【成品尺寸】衣长70cm　胸围116cm　袖片12cm

【工具】12号棒针

【材料】浅驼色涤纶绒150g　同色系纱料

【密度】10cm²：42针×51行

【制作方法】单股线编织，毛衣由前、后片、袖片缝合而成。

　　1.后片：起242针编织下针后片，织50cm后两侧袖窿减针，按图减针，身长共织68cm时减出后领窝，肩部余28针。

　　2.前片：用同样方法完成前片，前上片共编织58cm时进行前衣领减针，按结构图减完针后收针断线。

　　3.袖片：起336针编织下针装饰袖片，不加减针织61行，收针断线。完成2片。

　　4.缝合：按毛衣尺寸裁出纱料内衬，将前、后片对应缝实，领窝、袖片拿活褶固定后与内衬纱缝合。

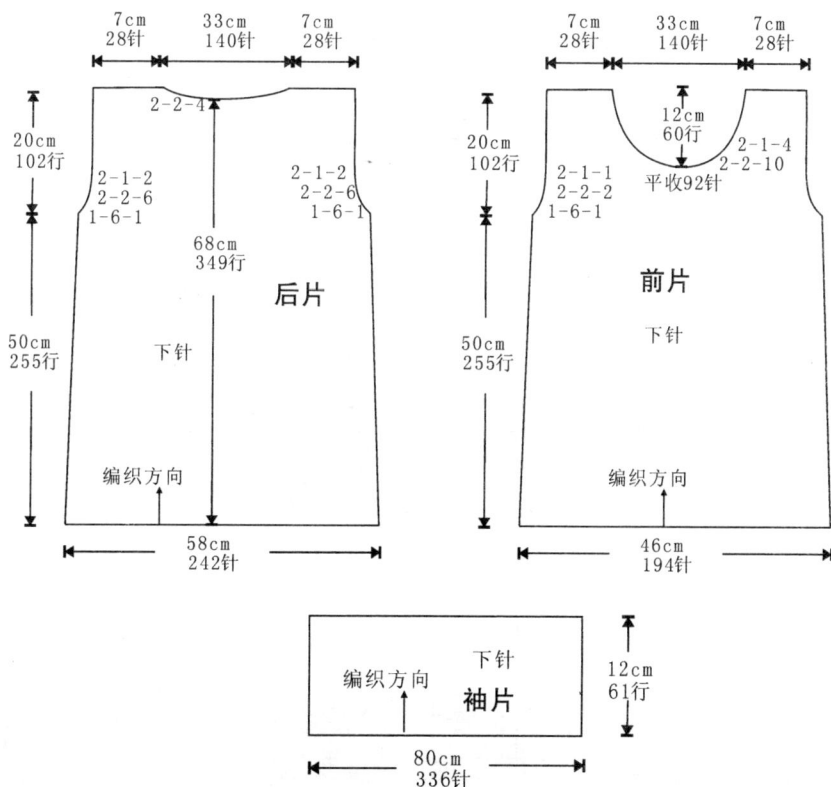

后片

7cm 28针　33cm 140针　7cm 28针

20cm 102行

2-2-4

2-1-2
2-2-6
1-6-1

2-1-2
2-2-6
1-6-1

68cm 349行

下针

50cm 255行

编织方向

58cm 242针

前片

7cm 28针　33cm 140针　7cm 28针

12cm 60行

20cm 102行

2-1-1
2-2-2
1-6-1

平收92针

2-1-4
2-2-10

下针

50cm 255行

编织方向

46cm 194针

袖片

编织方向　下针

12cm 61行

80cm 336针

白色V领短袖衫

【成品尺寸】衣长50cm　胸围92cm

【工具】5号棒针

【材料】白色棉绒线220g

【密度】10cm²：9针×14行

【制作方法】双股线编织，毛衣由前、后片组成。

　1.后片：起40针编织花样后片，不加减针织23cm后加出袖窿，共织12cm，然后减出肩部，身长共织50cm时，减出后领窝，为使花样美观，减针在花样内进行，按图示完成加减针后，收针断线，肩部余8针。

　2.前片：用同样方法编织花样前片。

　3.缝合：将前、后片对接缝合。

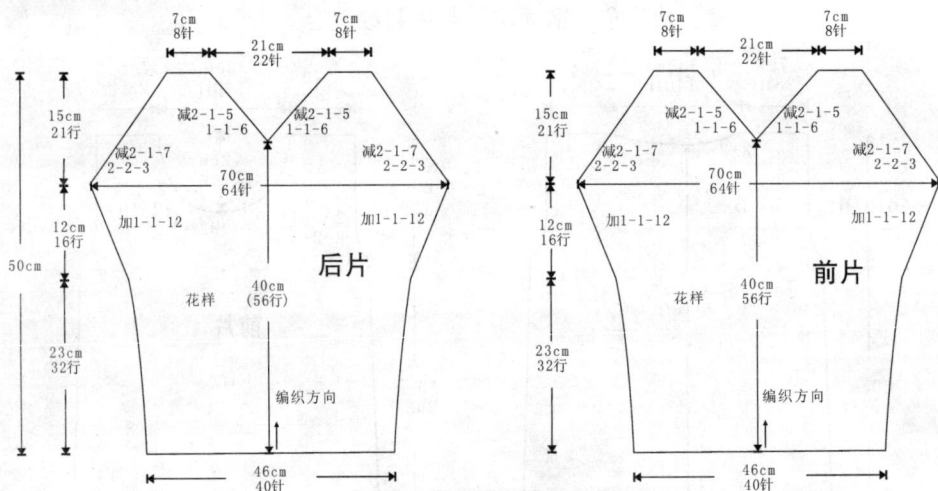

后片

前片

7cm / 8针　　21cm / 22针　　7cm / 8针

15cm / 21行

减2-1-5 / 1-1-6

减2-1-7 / 2-2-3

70cm / 64针

加1-1-12

50cm

12cm / 16行

花样

40cm / (56行)

23cm / 32行

编织方向

46cm / 40针

花样

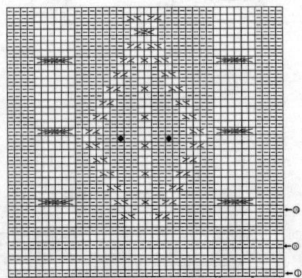

●=

【成品尺寸】胸围96cm　肩宽40cm　衣长60cm　袖长50cm

【工具】5号棒针　3mm钩针

【材料】白色毛线600g

【密度】10cm²：20针×25行

【制作方法】1.前片(左右两片)：用普通起针法起96针，按花样A及前领减针织22cm后，按袖窿加针织出袖窿。对称织出另一片前片。

2.后片：用普通起针法起96针，按花样B织22cm后按袖窿加针织20cm后收针。

3.下摆边：用普通起针法起30针，按花样B不加不减织96cm后缝合。

4.缝合：前片两片和后片肩部、腋下缝合。

5.缘编织：在前片两片门襟处及后片后领处按缘编织图解钩上缘编织；两片袖子袖边钩上缘编织。

6.整理：身片与下摆边缝合，注意交叉处。

前片
花样A

5cm 10针　18cm 36针

20cm 50行

22cm 56行

(+10针)

前领减针
2-2-9
2-1-42
行针次

(-60针)

编织方向

48cm 96针

后片
花样B

58cm 116针

(+10针)

袖笼加针
平织4行
4-1-7
6-1-3
行针次

编织方向

48cm 96针

下摆边
花样B

96cm 240行

编织方向

15cm 30针

花样B

8 7 6 5 4 3 2 1

花样A

8 7 6 5 4 3 2 1

缘编织

休闲条纹女装

【成品尺寸】衣长76cm　胸围72cm　袖长42cm

【工具】7号棒针　5号钩针

【材料】白色棉绒线430g　灰色棉绒线120g　黑色棉绒线50g

【密度】10cm²：21针×25行

【制作方法】二股线编织，背心由前片、后片、帽片组成。

　　1.后片：灰色线起74针，编织双罗纹针边，不加减针织20cm，然后配色编织下针后片，两侧按图示减针收腰，编织到53cm后开始袖窿减针，按结构图减完针后不加减针编织到74cm时减出后领窝，两肩部各余9cm。

　　2.前片：用同样方法起织前片，身长编织53cm时中间平收8针，然后同时进行前衣领窝、袖窿减针，按结构图减完针后，收针断线。

　　3.缝合：沿边对应相应位置缝实。另起针，白色线挑织下针帽片，共织32cm，收针断线，沿帽顶对接缝合。另起针，连续钩织短针领边、帽边。

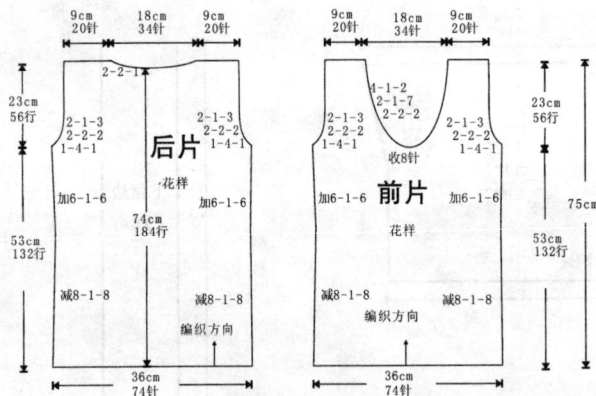

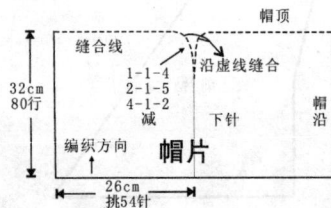

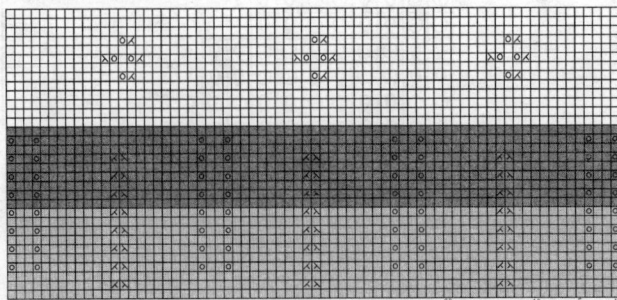

后片

9cm 20针　18cm 34针　9cm 20针

2-2-1
23cm 56行
2-1-3 2-2-2 1-4-1　2-1-3 2-2-2 1-4-1
花样
加6-1-6　加6-1-6
74cm 184行
53cm 132行
减8-1-8　减8-1-8
编织方向
36cm 74针

前片

9cm 20针　18cm 34针　9cm 20针

4-1-2 2-1-7 2-2-2
23cm 56行
2-1-3 2-2-2 1-4-1　2-1-3 2-2-2 1-4-1
收8针
加6-1-6　加6-1-6
75cm
花样
53cm 132行
减8-1-8　减8-1-8
编织方向
36cm 74针

帽片

帽顶
缝合线　沿虚线缝合
1-1-4 2-1-5 4-1-2
减
32cm 80行
编织方向　下针　帽沿
26cm
挑54针

花样

■=黑色
▨=灰色
□=白色

【成品尺寸】衣长75cm　胸围94cm　袖长9cm

【工具】10号棒针　电熨斗

【材料】白色丝棉线390g　黑色银丝交织棉线100g
　　　　土黄色丝棉线10g

【密度】$10cm^2$：31针×40行

【附件】字母及花胶印图案

【制作方法】单股线编织，毛衣由前片、后片、袖片组成。

　　1.后片：用黑色线起144针双罗纹针边，白色线编织下针后片，两侧加减针收腰，身长共织55时两侧按结构图所示开始袖窿减针。袖窿完成减针后不加减针编织到肩部，身长共织到73cm时中间收针减出后领窝，收针断线。

　　2.前片：用同样方法完成前片，袖窿减针织6行后改织配色花样，身长共织69cm时进行前领窝减针，按图所示完成减针后编织至肩部收针，肩部余24针。

　　3.袖片：用黑色线起68针下针双层边后由白色线编织下针袖山片，按图示两侧减针，共织9cm后收针断线，袖山余20针。

　　4.缝合：沿边将各片对应位置缝合，挑织下针双层领边。

　　5.整理：将字母胶印图案固定在配色花样白色线处，用电熨斗高温固定；用同样方法将花图案印在前片下方，位置可根据个人要求确定。

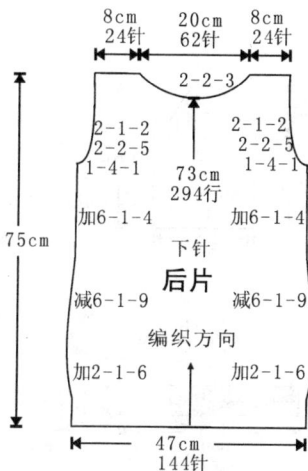

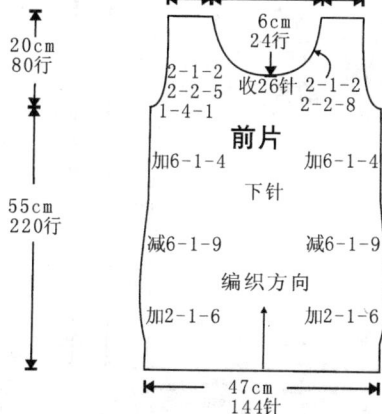

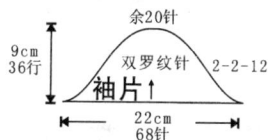

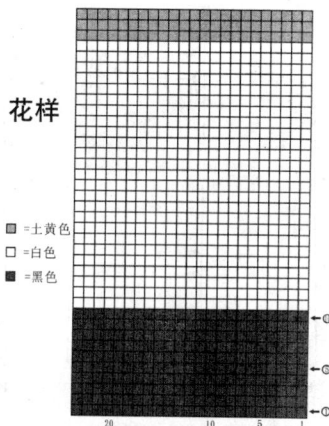

余20针
9cm
36行
双罗纹针　2-2-12
袖片↑
22cm
68针

后片

8cm 24针　20cm 62针　8cm 24针
2-2-3
20cm 80行
2-1-2
2-2-5
1-4-1
2-1-2
2-2-5
1-4-1
73cm 294行
加6-1-4　加6-1-4
75cm
55cm 220行
下针
减6-1-9　减6-1-9
编织方向
加2-1-6　加2-1-6
47cm
144针

前片

8cm 24针　20cm 62针　8cm 24针
6cm 24行
收26针
2-1-2
2-2-5
1-4-1
2-1-2
2-2-8
加6-1-4　加6-1-4
下针
减6-1-9　减6-1-9
编织方向
加2-1-6　加2-1-6
47cm
144针

花样

=土黄色
=白色
=黑色

20　10　5　1

创意短袖衫

【成品尺寸】衣长51cm 胸围96cm 袖长22cm

【工具】7号棒针 锁边机

【材料】浅粉色棉麻520g

【密度】$10cm^2$：21针×25行

【附件】纽扣14枚

【制作方法】单股线编织，毛衣由前片、后片、袖片、装饰边组成。

1.后片：起100针下针后编织双罗纹针边，然后编织上针后片，织30cm后开始袖窿减针，按结构图减完针后不加减针编织到50cm时减出后领窝，两肩部各余9cm。

2.前片：前片分三片编织：大片起56针下针后编织双罗纹针边，然后一侧开始加针编织上针大片前片，织30cm后不加减针侧开始袖窿减针，按结构图加减完针后编织到43cm时减出前领窝，两肩部余针不同。小片起30针下针后编织双罗纹针边，然后一侧加针一侧不加减编织上针小片前片，织30cm，平收余下的5针。

3.装饰边：装饰边起16针编织上针，不加减织60cm，一侧同袖窿减针方法，一侧不加减针，最后减至4针。

4.袖片：起30针下针后编织双罗纹针边从袖口编织上针袖片，按结构图完成加减针后，再进行袖山减针，共织44cm后收针断线。

5.整理：将前片三片对接缝合，再与后片、袖片缝合。钉好装饰纽扣，用锁边机锁边定型。

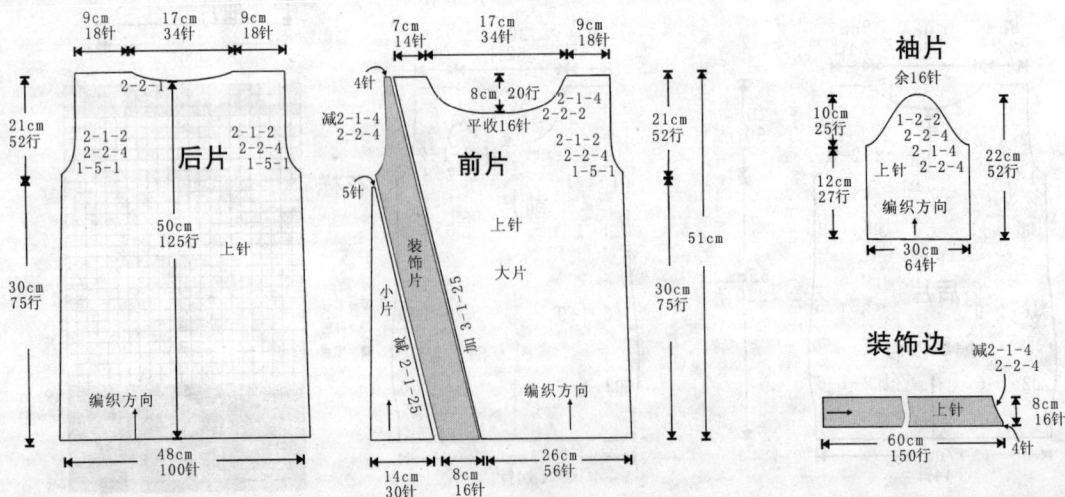

后片

9cm 18针 | 17cm 34针 | 9cm 18针

2-2-1

21cm 52行

2-1-2 2-2-4 1-5-1 | 2-1-2 2-2-4 1-5-1

50cm 125行 上针

30cm 75行

编织方向

48cm 100针

前片

7cm 14针 | 17cm 34针 | 9cm 18针

4针

减2-1-4 2-2-4

8cm 20针 平收16针

2-1-4 2-2-2 2-2-4 1-5-1

5针

21cm 52行

51cm

30cm 75行

装饰片 减2-1-3针 小片

上针 大片

减2-1-25

编织方向

14cm 30针 | 8cm 16针 | 26cm 56针

袖片

余16针

10cm 25行 | 1-2-5 2-2-4 2-1-4 上针 2-2-4

12cm 27行

编织方向

22cm 52行

30cm 64针

装饰边

减2-1-4 2-2-4

上针

60cm 150行

8cm 16针

4针

152

【成品尺寸】衣长53cm　胸围92cm　袖长20cm

【工具】9号棒针　钩针

【材料】浅蓝色竹炭棉300g　深蓝色竹炭棉15g

【密度】10cm²：20针×28行

【附件】装饰品

【制作方法】单股线编织，毛衣由前片、后片、袖片组成。

1.后片：起90针编织下针后片，两侧减针收腰，织到35cm，即98行时按结构图开始袖窿减针。袖窿完成减针后不加减针编织到肩部，收针断线。

2.前片：前片分两片编织，先起66针编织下针，织8cm，另起24针编织8cm下针，然后将两片对接成一片编织下针前片，两侧减针收腰，共织到35cm，先进行袖窿减针，身长共编织到91行时加深蓝色线编织胸前花样。织到41cm，即118行时两侧相反按图所示完成领窝减针，编织至肩部收针。

3.袖片：起58针从袖口编织下针袖片，两侧均匀加针，编织10cm后进行袖山减针，共织20cm后收针断线，袖山余17针。

4.缝合：沿边对应位置缝合，用深蓝色线沿各边钩织装饰边，缝好装饰品。

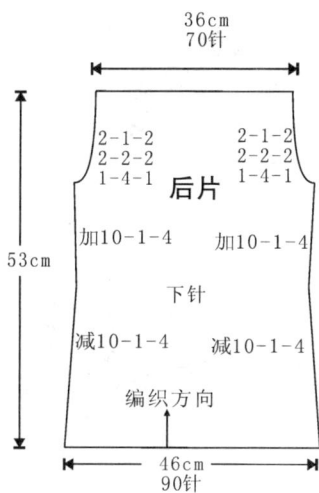

后片

36cm
70针

2-1-2
2-2-2
1-4-1

加10-1-4

下针

减10-1-4

编织方向

46cm
90针

53cm

18cm
50行

35cm
98行

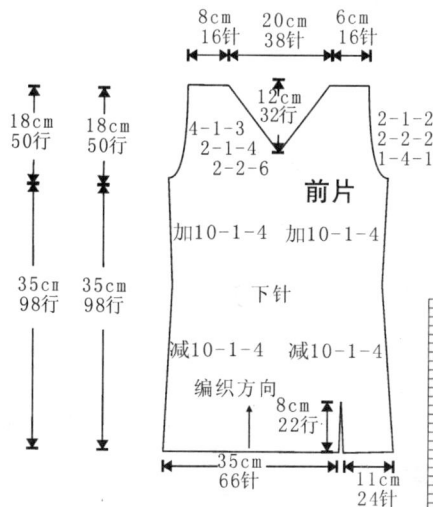

前片

8cm
16针　20cm
38针　6cm
16针

12cm
32行

4-1-3
2-1-4
2-2-6

2-1-2
2-2-2
1-4-1

加10-1-4

下针

减10-1-4

编织方向

8cm
22行

35cm
66针

11cm
24针

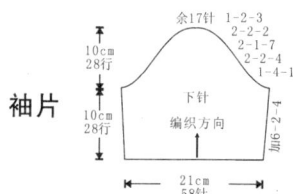

袖片

余17针　1-2-3
2-2-2
2-1-7
2-2-4
1-4-1

10cm
28行

下针
编织方向

加6-2-4

10cm
28行

21cm
58针

胸前花样

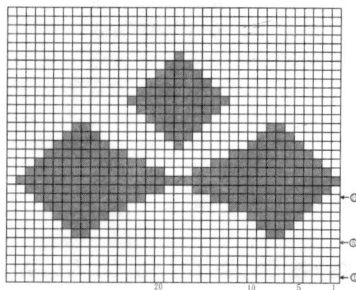

153

清爽大披肩

【成品尺寸】衣长40cm

【工具】5号钩针

【材料】浅石褐色拉绒线260g

【制作方法】单股线钩编披肩，单元花拼接组成。

1.单元花1：圈起钩织6组1针长针、2个辫子针作花心；第二圈，钩6组6针扇形针；第三圈，从底部钩织5组5针辫子针；第四圈，在辫子针内钩6针扇形针；最后一圈，钩织拼接用辫子针。共完成30个，拼接成披肩，宽处由4个单元花组成，两头渐减1个单元花。

2.单元花2：圈起钩织6组1针长针、2个辫子针作花心；第二圈，钩6组6针扇形针；第三圈，从底部钩织5组5针辫子针1针长针；第四圈，在辫子针内钩3针辫子针、4针长针；第五圈，从底部钩织5针辫子针；最后一圈，在辫子针内钩织7针扇形针。共完成2个。

3.披肩：沿披肩两边挑织花样片，各织20cm，将单元花2分别贴花样片缝好，沿边钩织装饰花样边。

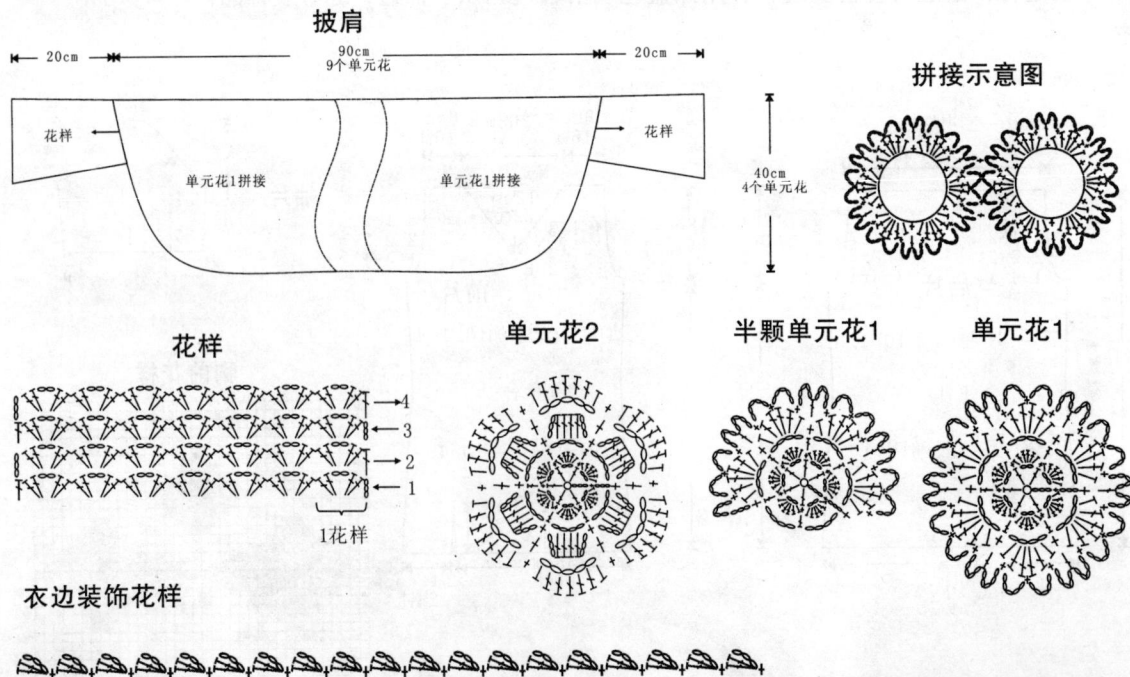

披肩

| ◄─20cm─► ◄─────90cm─────► ◄─20cm─► |
| 9个单元花 |

花样   单元花1拼接   单元花1拼接   花样

拼接示意图

40cm
4个单元花

花样

→4
→3
→2
→1

1花样

单元花2   半颗单元花1   单元花1

衣边装饰花样

【成品尺寸】衣长44cm　胸围88cm

【工具】2.0mm钩针

【材料】杏色线250g

【制作方法】先钩前片的左右两片，再钩后片，然后拼肩。再钩两片袖片，然后上袖，上完袖后，拼侧缝。最后在衣身的侧边钩花边，钩袖子花边，图样相同，参照如下图解。

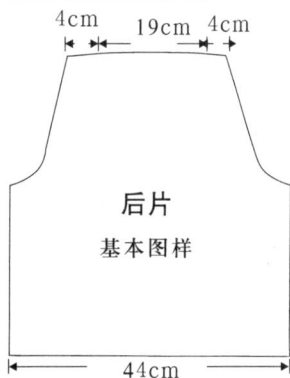

后片
基本图样

4cm　19cm　4cm

44cm

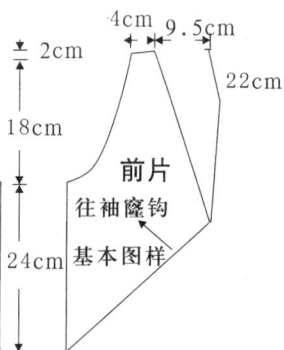

2cm

18cm

24cm

4cm　9.5cm

22cm

前片
往袖窿钩
基本图样

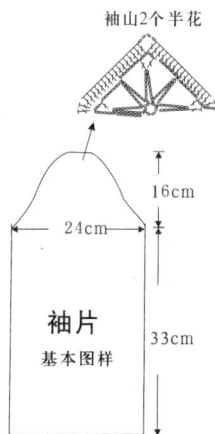

袖山2个半花

袖片
基本图样

24cm

16cm

33cm

衣服花边的基本图样
（衣服外围和袖口）

基本图样

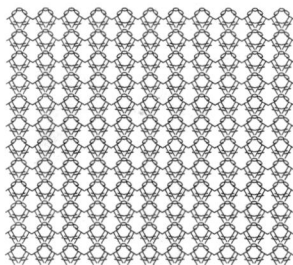

飘逸大披肩

【成品尺寸】衣长58cm　胸围110cm

【工具】2.5mm钩针

【材料】白色线150g　紫色线100g

【制作方法】参照披肩的结构图和单元花的钩法进行钩编，单元花有两个颜色，拼花的时候，一个紫色，一个白色间隔。最后钩一行花边，在三角巾的最长边，其他两边穿流苏，具体做法参照如下图解。

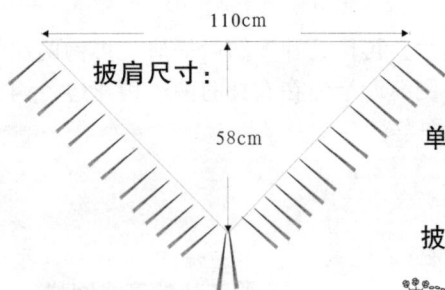

110cm

披肩尺寸：

58cm

拼花钩法：

单元花钩法：

披肩花边的钩法：

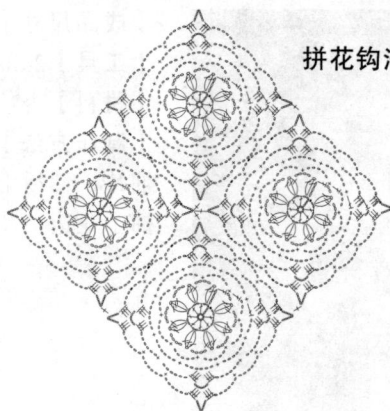

【成品尺寸】衣长40cm

【材料】白色线250g　黑色线少许

【工具】2.0mm钩针

【制作方法】参照披肩的结构图，按照披肩图样和中央单元花图样，钩编披肩前后两片，然后拼侧缝。最后按照花边图解，钩衣服领口和下摆花边，并穿流苏在下摆。

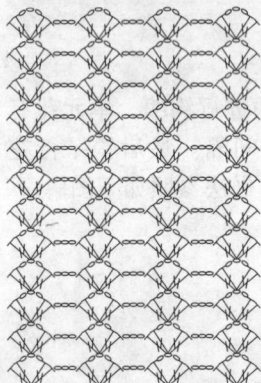

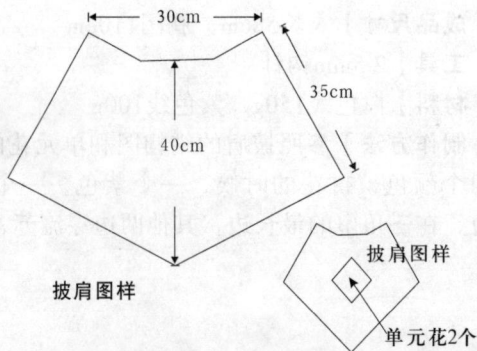

30cm

35cm

40cm

披肩图样

披肩图样

单元花2个

正中央的单元花图样

花边图样

碎花镂空衫

【成品尺寸】衣长43cm　胸围92cm

【工具】5号棒针　钩针

【材料】奶白色丝竹棉100g　灰绿色丝竹棉5g

【密度】10cm²：13针×23行

【制作方法】二股线编织，背心由前、后片组成。

　　1.后片：灰绿色线起60针织4行单罗纹针，改为奶白色线继续编织单罗纹针边，织14行，然后编织花样2后片，编织到25cm时两侧开始袖窿减针，按结构图减完针后，不加减针编织到肩部，肩部留余40针。

　　2.前片：用同样方法起60针编织花样1前片，编织到25cm时进行袖窿减针，用身长共织到39cm时开始前领窝减针，按结构图减完针后收针断线。

　　3.缝合：沿边对应相应位置缝实，挑钩短针装饰领边、袖窿边。

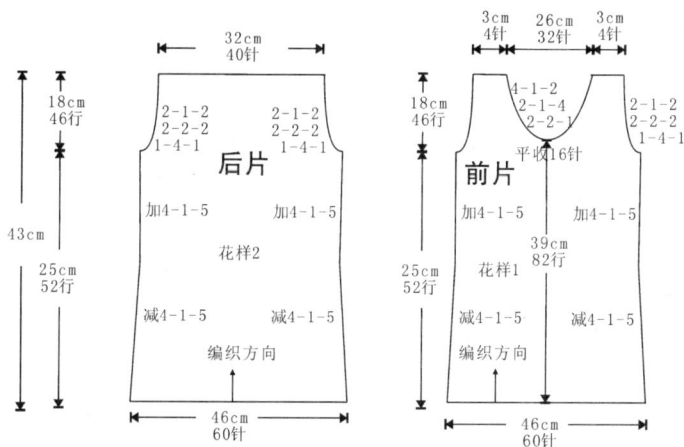

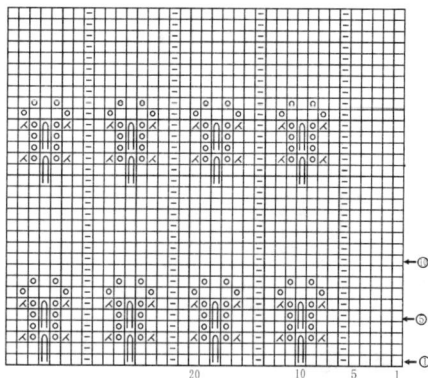

花样1

花样2

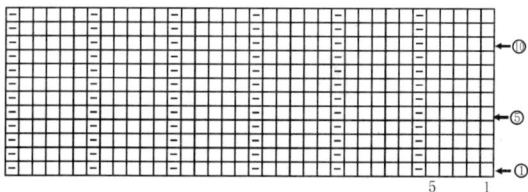

装饰边花样

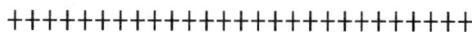

【成品尺寸】衣长49cm　袖长42cm　胸围96cm

【工具】5号钩针

【材料】黄色棉麻线320g

【制作方法】单股线钩编，衣服由前、后两片单元花、袖片拼接完成。

1.单元花：起针钩编单元花第1行16针长针，第2行2针玉米针和3针辫子针为一组，共钩8组，第3、4行钩5针辫子针，钩编二圈后在长针组内钩出玉米针，玉米针之间钩5个辫子针，完成后收针断线。用同样方法完成其他单元花及半颗单元花的钩编。

2.前、后片与袖片：并逐个拼接完成身片、袖片。袖片从袖山处拼接，单元花拼接空余处由辫子针补平，拼接方法详见结构图。

3.缝合：将前片、后片、袖片沿边对应缝合，在衣边、袖口边、领边分别起针挑钩装饰边。

后片

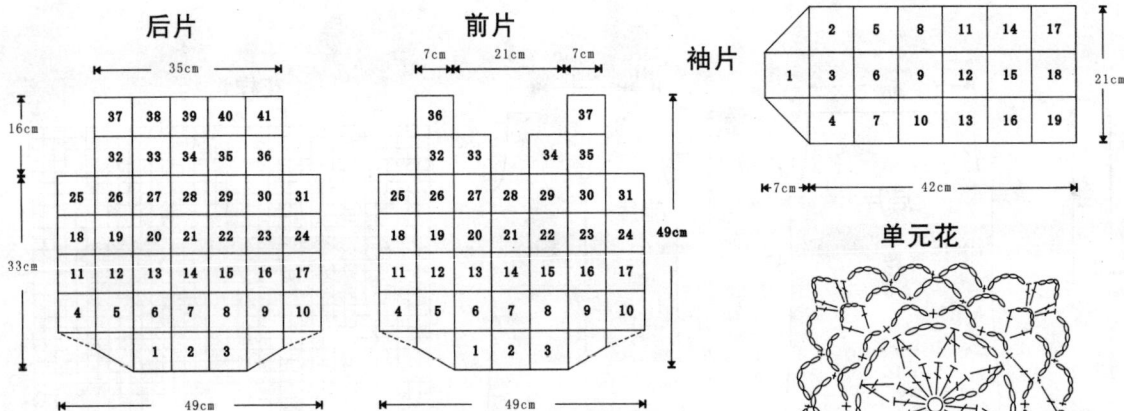

37	38	39	40	41
32	33	34	35	36

25	26	27	28	29	30	31
18	19	20	21	22	23	24
11	12	13	14	15	16	17
4	5	6	7	8	9	10
	1	2	3		

35cm / 16cm / 33cm / 49cm

前片

7cm　21cm　7cm

36			37
32	33	34	35

25	26	27	28	29	30	31
18	19	20	21	22	23	24
11	12	13	14	15	16	17
4	5	6	7	8	9	10
	1	2	3		

49cm / 49cm

袖片

2	5	8	11	14	17
1	3	6	9	12	15	18
	4	7	10	13	16	19

21cm

7cm　42cm

单元花

半颗单元花

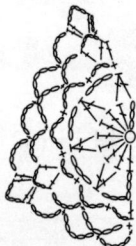

装饰边花样

158

圆点镂空衫

【成品尺寸】详见结构图

【工具】7号棒针　9号环形针

【材料】白色棉绒线260g

【密度】10cm²：21针×25行

【制作方法】二股线编织，毛衣由前、后片组成。

　　1.后片：起108针编织花样后片，两侧加针织25cm，然后不加减针织25cm作为袖窿，身长共织50cm。

　　2.前片：起54针编织一片花样前片，一侧加针编织，一侧不加减针编织，织25cm，加针侧不再加针编织25cm作袖窿，身长共织至38cm时，不加减针侧进行前领窝减针，按结构图减完针后，收针断线。用同样方法完成另一侧前片，减针方向相反。

　　3.缝合：将前、后片对接缝合，用细针挑织双罗纹针衣襟边和袖窿边，将衣襟边对接缝合至前领窝减针处，沿下边挑织双罗纹针边，织11cm。

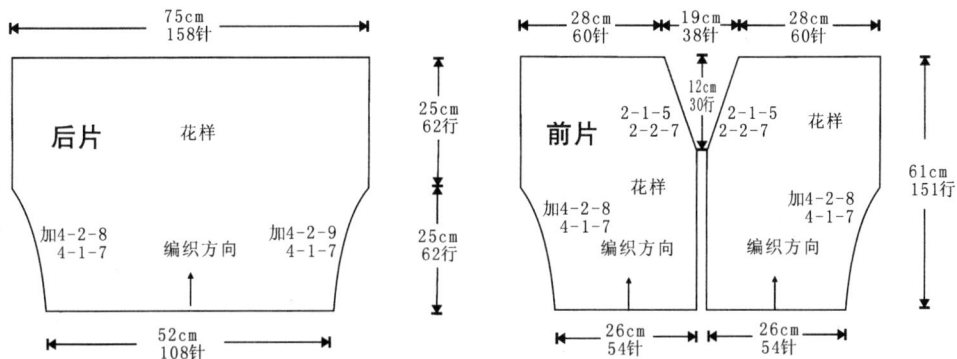

后片
花样
加4-2-8　　4-1-7　　加4-2-9　　4-1-7
编织方向
75cm　158针
52cm　108针
25cm　62行
25cm　62行

前片
花样
花样
2-1-5　2-2-7　　2-1-5　2-2-7
12cm　30行
加4-2-8　4-1-7　　加4-2-8　4-1-7
编织方向　　编织方向
28cm　60针　　19cm　38针　　28cm　60针
26cm　54针　　26cm　54针
61cm　151行

花样

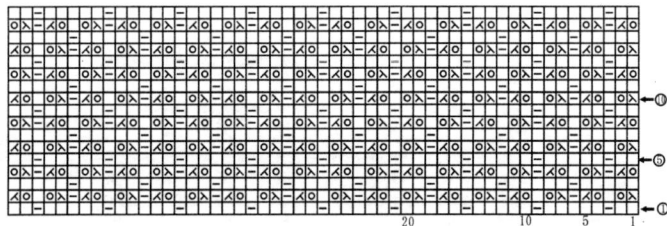

20　　10　5　1

【成品尺寸】衣长55cm 胸围98cm 袖长11cm

【工具】9号棒针 12号棒针 4号钩针

【材料】黄色丝光棉麻线320g

【密度】$10cm^2$：24针×32行

【制作方法】单股线编织，短袖衣由前片（内、外）、后片、袖片组成。

1.后片：用粗针起90针编织下针后片，织到35cm，即98行时按结构图两侧开始袖窿减针。袖窿完成减针后不加减针编织到肩部，收针断线。

2.内前片：同样方法用细针起112针编织上针前片，先进行袖窿减针，织到47cm时中间留13针，两侧方向相反按图所示完成领窝减针，编织至肩部收针。

3.外前片：钩织46cm外前片，织到35cm时两侧袖窿减针，减1个花样。

4.袖片：起69针编织下针袖片，不加减针编织2cm后，再进行袖山减针，共织11cm后收针断线，最后余27针。

5.缝合：将编织片沿边对应位置缝合，再将钩织的外前片贴前片与后片钩合，沿领窝钩织装饰边。

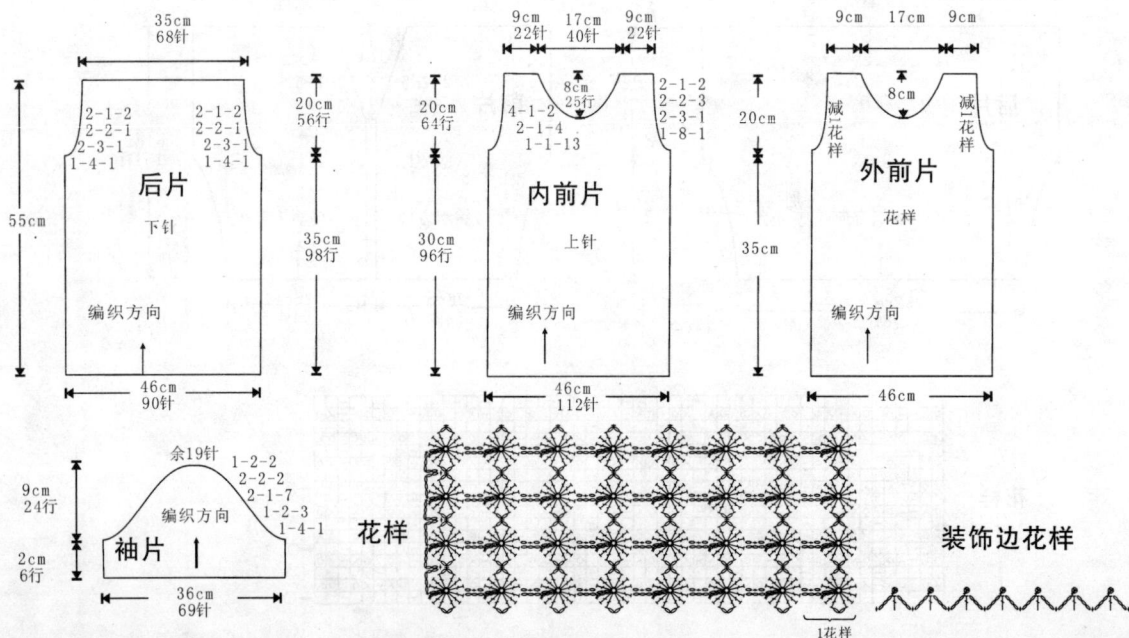

后片

35cm
68针

2-1-2
2-1-1
2-3-1
1-4-1

20cm
56行

35cm
98行

55cm

46cm
90针

下针

编织方向

内前片

9cm
22针　17cm
40针　9cm
22针

8cm
25行

4-1-2
2-3-1
1-1-13

2-1-2
2-1-1
2-3-1
1-8-1

20cm
64行

30cm
96行

46cm
112针

上针

编织方向

外前片

9cm　17cm　9cm

8cm

减一花样　减一花样

20cm

35cm

46cm

花样

编织方向

袖片

9cm
24行

余19针

1-2-2
2-2-2
2-2-2
1-2-3
1-4-1

编织方向

2cm
6行

36cm
69针

花样

1花样

装饰边花样

淑女小开衫

【成品尺寸】衣长40cm　胸围88cm
【工具】2.0mm钩针
【材料】粉色线250g
【制作方法】参照衣服的结构图，按照图1钩两片，按照图2钩前片和后片的左右两片，按照图3钩12个单元花，前、后片各6个，然后拼肩、拼侧缝、钩花边，具体做法参照下图解。

前、后片相同

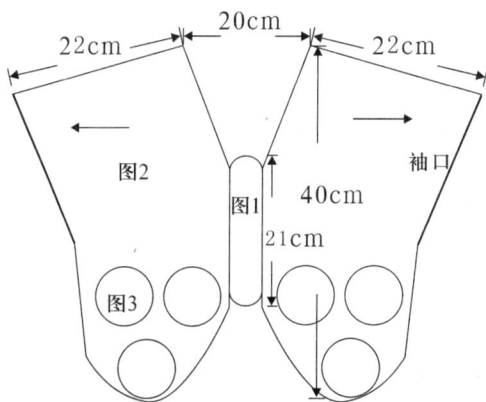

22cm　　20cm　　22cm

图2　　图1　　袖口

40cm
21cm

图3

图2的图解

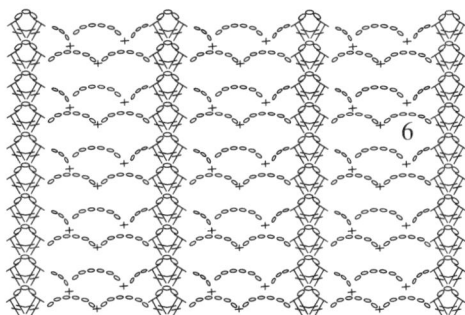

6

图1的图解

2片

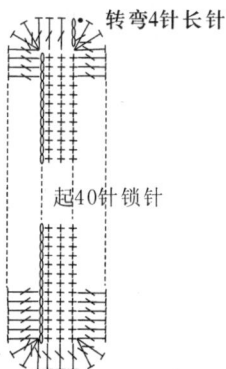

转弯4针长针

起40针锁针

图3的图解

12个单元花

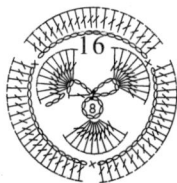

16

8

花边的图解

【成品尺寸】衣长40cm　胸围96cm　袖长40cm

【工具】4号钩针

【材料】粉色丝光线380g

【附件】纽扣3枚

【制作方法】单股线编织，毛衣由前片、后片、袖片、育克片组成。

　　1.后片：起140针下针编织花样2后片，织至31cm时中间平收80针，两侧按图完成减针后，后片共织40cm收针断线。

　　2.前片：用同样方法编织花样2两前片，编织至31cm时分别减出前领窝。

　　3.袖片：起92针下针编织花样2袖片，不加减针织40cm，收针断线。完成2片。

　　4.缝合：将前片、后片、袖片分别沿侧缝缝合，沿领窝挑钩花样1育克片，挑钩稍紧些，并将平收针处拿活褶，钩15行，领口的大小可根据个人喜好确定。挑钩装饰花边，钉好纽扣。

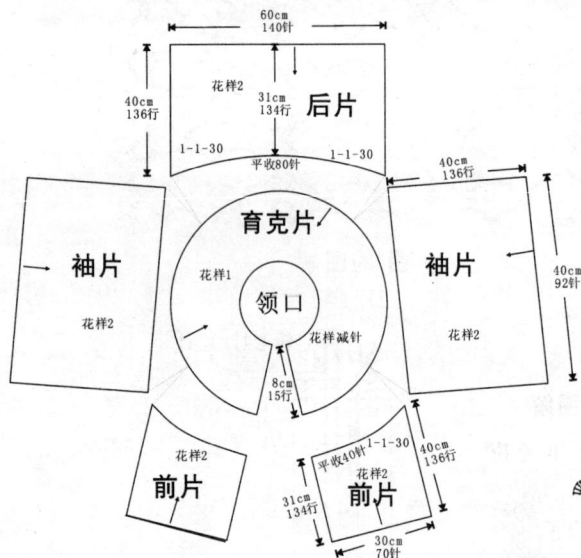

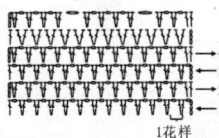

花样1

1花样

装饰边花样

花样2

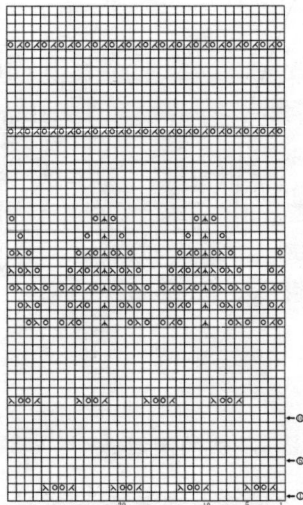

个性小吊带

【成品尺寸】衣长50cm　胸围110cm

【工具】10号棒针

【材料】灰色段染棉线200g

【密度】10cm²：31针×40行

【制作方法】单股线编织，由前、后片组成。

　　1.后片：起170针下针双层边，编织花样后片，不加减针织25cm时，两侧按结构图所示开始袖窿减针。袖窿完成减针后，身长织48cm时中间平收62针进行后衣领减针，肩部各余12针，收针断线。

　　2.前片：用同样方法起针织170针花样前片，织25cm时袖窿减针，身长织30cm时进行前领窝减针，按图所示完成减针后编织至肩部收针，肩部余12针。

　　3.缝合：沿边将前、后片对应位置缝合，沿领窝、袖窿挑织下针双层边。

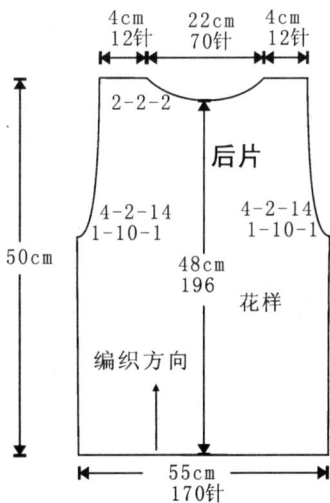

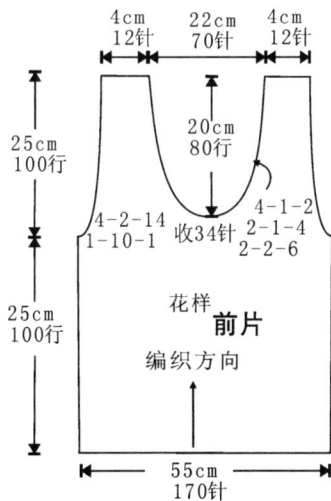

花样

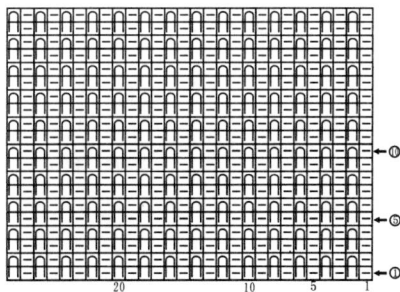

【成品尺寸】衣长50cm　胸围110cm

【工具】10号棒针

【材料】灰色蚕丝绒线100g　黑色蚕丝棉绒100g

【密度】10cm²：31针×40行

【附件】装饰亮片

【制作方法】单股线编织，背心由前、后片组成。

　　1.后片：用黑色线起170针下针双层边，配色编织花样后片，不加减针织25cm时，两侧按结构图所示开始袖窿减针。袖窿完成减针后，身长织48cm时中间平收62针，进行后衣领减针，肩部各余12针，收针断线。

　　2.前片：用同样方法起织170针花样前片，织25cm时袖窿减针，身长织30cm时进行前领窝减针，按图所示完成减针后编织至肩部收针，肩部余12针。

　　3.缝合：沿边将前、后片对应位置缝合，沿领窝、袖窿用黑色线挑织下针双层边。在前片缝好6组无规则装饰亮片。

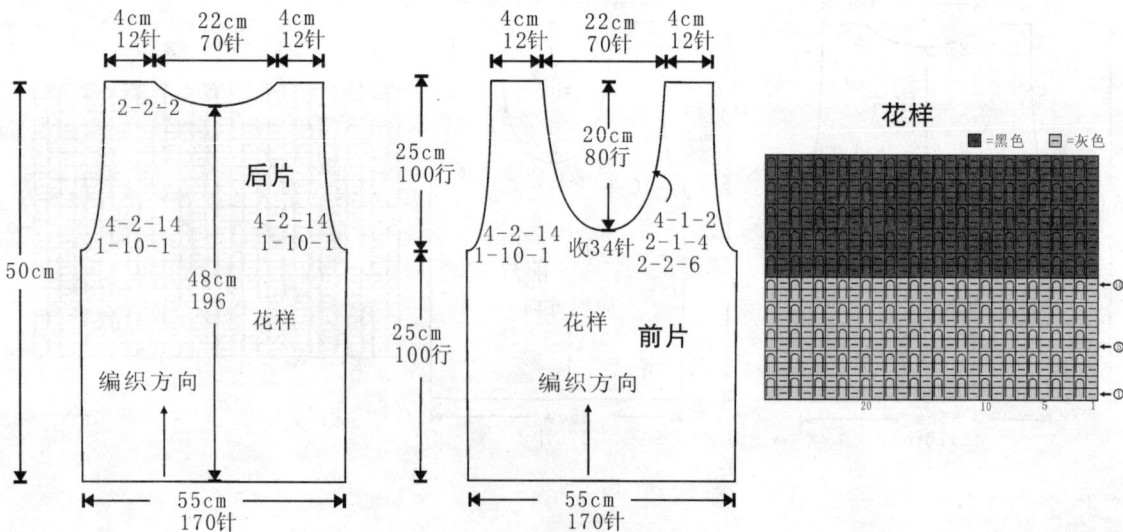

后片

4cm 12针　22cm 70针　4cm 12针

2-2-2

4-2-14 1-10-1　　4-2-14 1-10-1

50cm

48cm 196

花样

编织方向

55cm 170针

前片

4cm 12针　22cm 70针　4cm 12针

20cm 80行

25cm 100行

4-2-14 1-10-1　收34针　4-1-2 2-1-4 2-2-6

25cm 100行

花样

编织方向

55cm 170针

花样

■=黑色　□=灰色

20　　10　5　1

明亮短袖衫

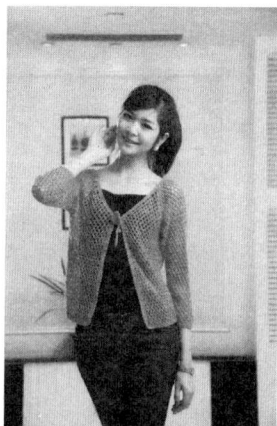

【成品尺寸】衣长 52cm　胸围 90cm　袖长 46cm

【工具】5 号钩针

【材料】橘色棉麻线 300g

【制作方法】单股线钩编，毛衣由一整片身片及袖片组成。

　　1. 前、后片：起 90cm 辫子针，按花样整片钩织身片，钩到 32cm 时，进行前衣领窝及袖窿减针，钩织 20cm 至肩部，身长共钩织 52cm。

　　2. 袖片：沿袖窿圈钩袖片，按图完成减针后，共钩 46cm。

　　3. 衣边装饰花样：沿衣边、袖边钩织装饰花样边。

　　4. 装饰花样：圈起钩织 5 组 1 针长针、2 针辫子针作花心，第二圈钩 5 组 3 针辫子针、2 针长针组，第三圈从底部钩织 5 组 5 针辫子针，第四圈在辫子针内钩 5 组 3 针辫子针、5 针长针组，第五圈从底部钩出 10 组 4 针辫子针，最后一圈在辫子针内，钩出 3 针辫子针、4 针长针组，将装饰花在胸前缝好。

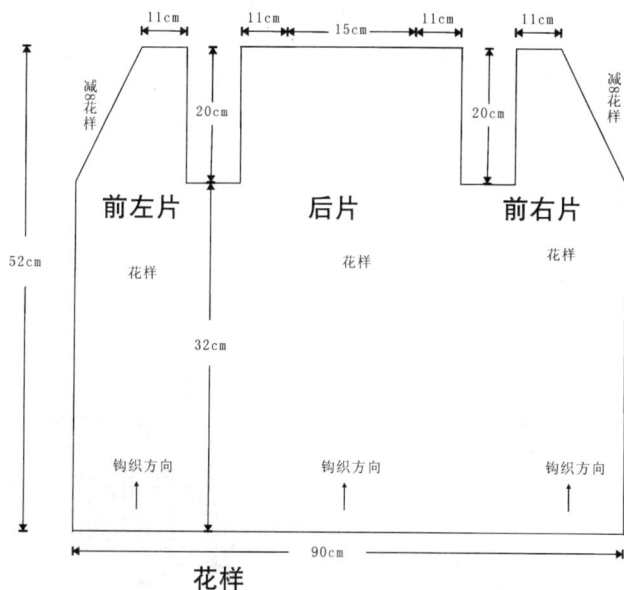

花样

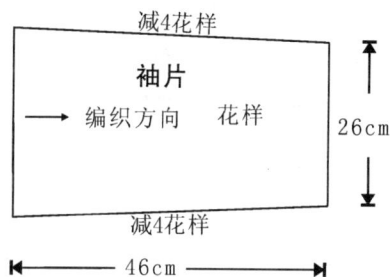

袖片

装饰花样

衣边装饰花样

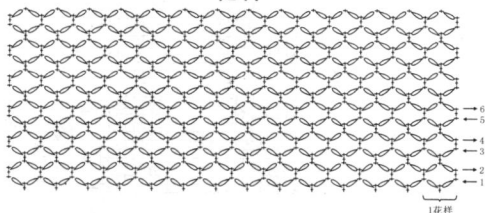

【成品尺寸】衣长80cm 胸围102cm 袖长11cm

【工具】10号棒针

【材料】红色开司米线200g

【密度】10cm^2：32针×40行

【制作方法】单股线编织，短袖由前、后片的上下片缝合而成。

　　1. 后片：起162针编织双罗纹针边，然后编织花样2后下片，两侧减针收腰，身长共织45cm后收针断线。另起146针编织花样1后上片，织4行后隔8针，减出装饰带穿孔，然后不加减针织15cm后，两侧袖窿减针，按图减针后肩部余22针，后上片共织34cm时减出后领窝。

　　2. 前片：起162针编织双罗纹针边，编织花样2前下片，两侧减针收腰，织45cm后收针断线。另起146针编织花样1前上片，织4行后隔8针，减出装饰带穿孔，织6行后一侧开始减针，减针织15cm后从不减针侧开始袖窿减针，按图减针后肩部余22针，收针断线。用同样方法完成另一侧前片，减针方向相反。

　　3. 袖片：起114针编织双罗纹针边，从袖口编织花样1袖片，织2cm后开始袖窿减针，按图减针后余22针，断线。用同样方法完成另一片袖片。

　　4. 缝合：先将前片重叠，沿下边缝合，再上、下片对应缝合，然后将前、后片对应缝实，沿领窝挑织下针双层装饰边，腰间穿入单独编织的装饰带。

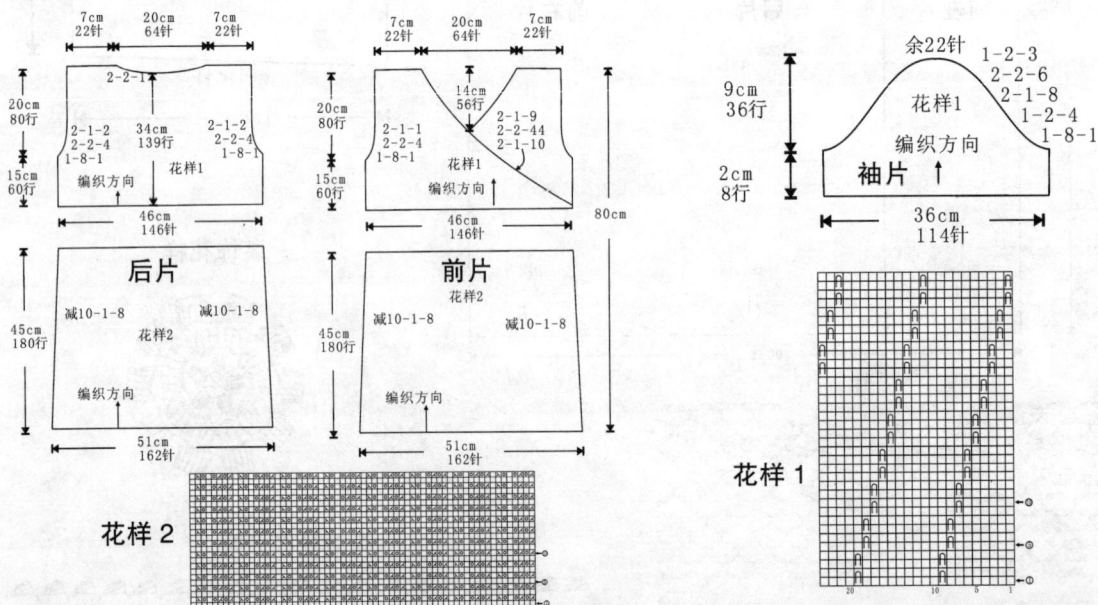

后片

前片

袖片

花样1

花样2

【成品尺寸】衣长 47cm　胸围 92cm　袖长 11cm

【工具】9 号棒针　4 号钩针

【材料】红色丝棉线 260g

【密度】$10cm^2$：20 针 × 28 行

【制作方法】单股线编织，毛衣由前片、后片、袖片组成。

　1. 后片：起 90 针编织下针后片，织到 27cm 时按结构图开始袖窿减针。袖窿完成减针后不加减针编织到肩部，收针断线。

　2. 前片：起 90 针编织花样前片，织 13cm 后改织下针，身长共织到 27cm 时进行袖窿减针、前衣领减针，两侧相反按图所示完成减针，编织至肩部收针。

　3. 袖片：起 69 针从袖口编织花样边袖片，不加减针编织 1cm，再进行袖山减针。按图完成减针后收针断线，共织 11cm，余 15 针。

　4. 缝合：沿边对应位置缝合，钩织短针装饰领边。

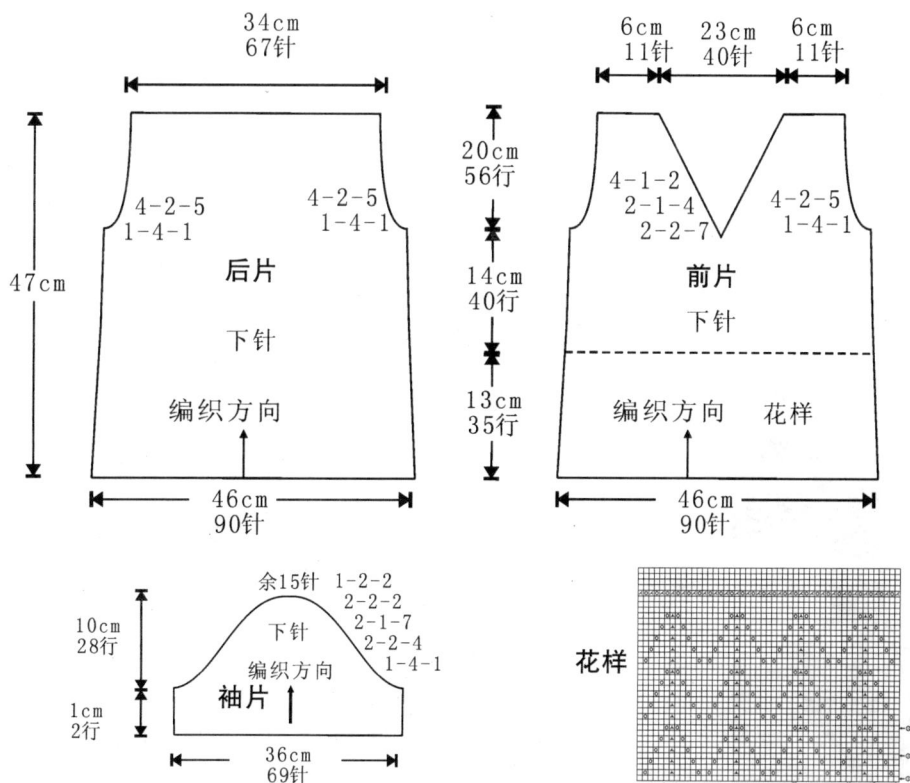

34cm
67针

4-2-5
1-4-1

4-2-5
1-4-1

后片

下针

编织方向

47cm

46cm
90针

6cm 11针　23cm 40针　6cm 11针

20cm
56行

14cm
40行

13cm
35行

4-1-2
2-1-4
2-2-7

4-2-5
1-4-1

前片

下针

编织方向　花样

46cm
90针

余15针　1-2-2
2-2-2
2-1-7
2-2-4
1-4-1

10cm
28行

下针

编织方向

袖片

1cm
2行

36cm
69针

花样

系带小披肩

【成品尺寸】衣长 42cm
【工具】5 号钩针
【材料】浅石褐色拉绒线 260g
【制作方法】单股线钩编披肩，单片花样钩编完成。

　　起 80cm 辫子针，钩织花样披肩，共钩 42cm，外侧钩织装饰花边，整体完成后沿边钩短针，沿领窝收紧挑钩 11cm 长针作领片，另起针，单独钩织装饰花样，与前领窝钩合，花样带的长短根据个人喜好确定。

装饰带花样

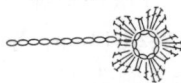

花边

整体示意图

花样

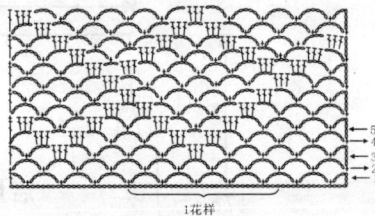

披肩
花样

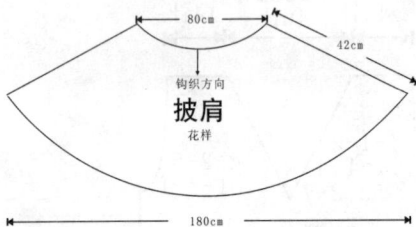

【成品尺寸】衣长 40cm　　胸围 92cm　　袖长（含单侧肩宽）42cm
【工具】3mm 棒针
【材料】橘色真丝 200g
【密度】10cm² = 22 针 × 28 行
【制作过程】1. 前、后片：从袖口开始起 48 针，编织花样，并如图进行加针，织 22cm 后，后片一侧不加不减继续编织，前片一侧进行减针（下摆），编织 13cm 后，从后片一侧数过来第 79 针开始往前片进行减针（前领），后片一侧先暂时停针 . 前片如图示进行两侧往中间加针。8cm 后结束。然后将后片停针部分继续编织 9cm 后停针。编织两片。
　　2. 组合：两片后片进行无缝缝合。领圈、门襟、下摆以及袖口用钩针钩边，最后钩两根带子缝在门襟处。

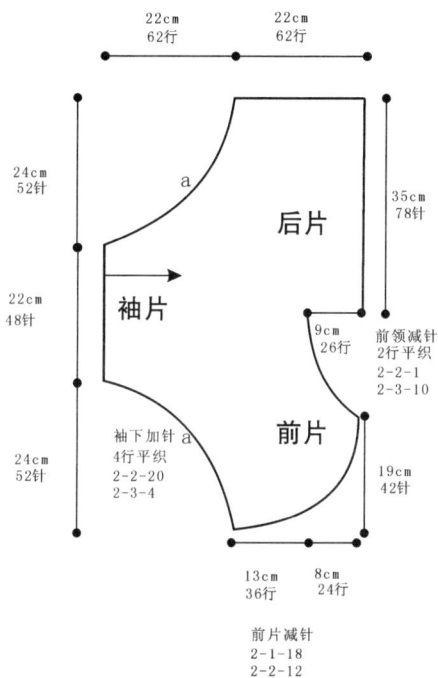

22cm 62行　22cm 62行

24cm 52针

后片

35cm 78针

22cm 48针

袖片

a

24cm 52针

袖下加针 a
4行平织
2-2-20
2-3-4

前片

9cm 26行

前领减针
2行平织
2-2-1
2-3-10

19cm 42针

13cm 36行　8cm 24行

前片减针
2-1-18
2-2-12

花样针法

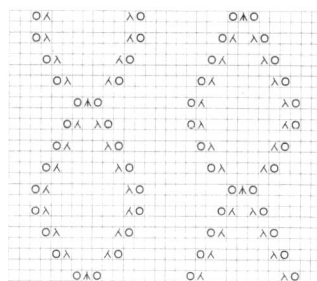

花饰

钩边

【成品尺寸】衣长41cm　胸围84cm　袖长46cm

【工具】2.0mm 钩针

【材料】蓝色线250g

【制作方法】

　　参照衣服的结构图，按照后片和袖片花样、前片花样，钩衣服前片2片、后片1片、袖片2片，然后拼肩、上袖、拼侧缝，具体做法参照以下图解。

后片和袖片花样

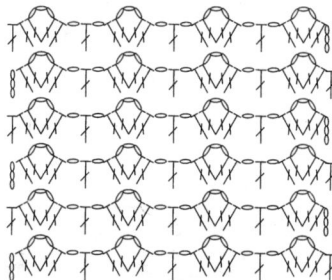

花边的图样

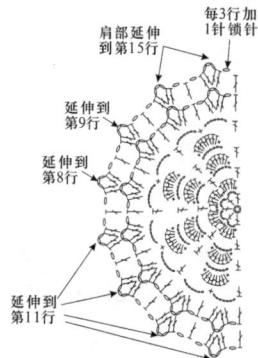

肩部延伸
到第15行

每3行加
1针锁针

延伸到
第9行

延伸到
第8行

延伸到
第11行

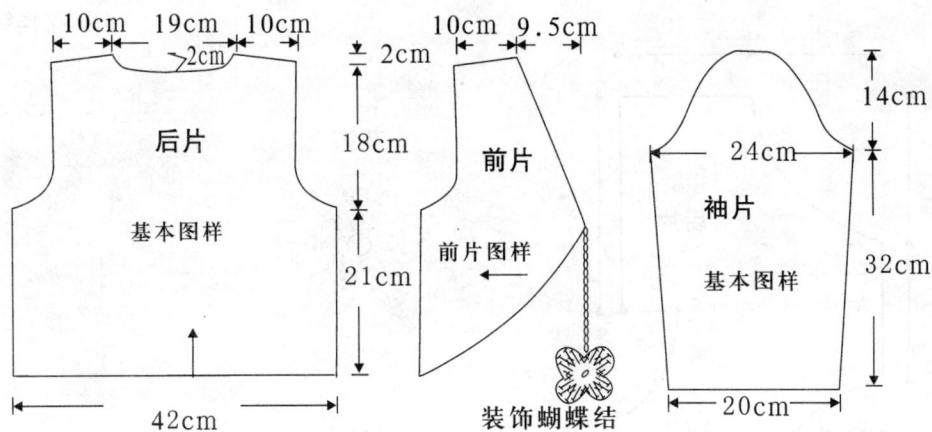

后片

基本图样

10cm　19cm　10cm

2cm

18cm

21cm

42cm

前片

前片图样

10cm　9.5cm

2cm

装饰蝴蝶结

袖片

基本图样

24cm

14cm

32cm

20cm

恬静镂空衫

【成品尺寸】衣长 58cm　胸围 96cm　袖长 47cm

【工具】2.0mm 钩针

【材料】白色线 200g

【制作方法】首先按照菠萝花的钩法，从圆心起针延伸到下摆、袖子，然后在领口、袖口和下摆编织双罗纹，具体做法参照如下图解。

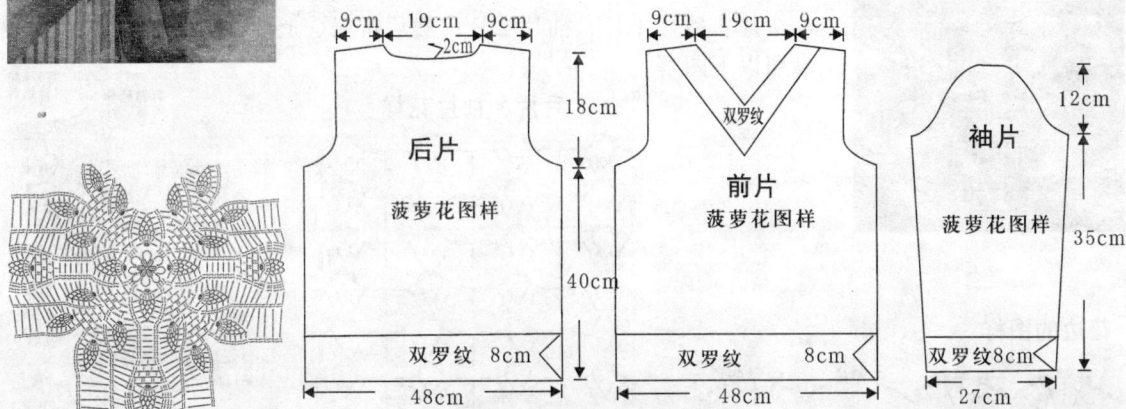

后片

菠萝花图样

9cm　19cm　9cm

2cm

18cm

40cm

双罗纹　8cm

48cm

前片

菠萝花图样

9cm　19cm　9cm

双罗纹

双罗纹　8cm

48cm

袖片

菠萝花图样

12cm

35cm

双罗纹8cm

27cm

【成品尺寸】衣长 58cm　胸围 96cm　袖长 97cm

【工具】2.0mm 钩针

【材料】白色线 200g

【制作方法】首先按照菠萝花的钩法，从圆心起针延伸到下摆、袖子，然后在领口、袖口和下摆编织双罗纹，具体做法参照如下图解。

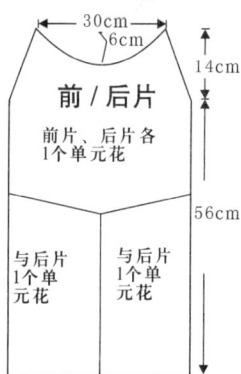

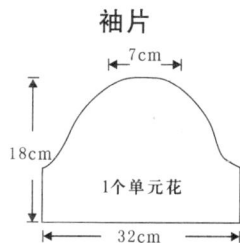

30cm

6cm

14cm

56cm

前 / 后片

前片、后片各
1个单元花

与后片
1个单元花

与后片
1个单元花

效果图

2行长针　2行长针

2行长针

袖片

7cm

18cm

1个单元花

32cm

单元花

【成品尺寸】衣长 62cm　胸围 100cm

【工具】2.0mm 钩针

【材料】白色线 250g

【制作方法】参照衣服的结构图，按照图样 1、图样 2 和拼花图样钩前片 1 片、后片 1 片，然后拼侧缝，最后按照花边图样，钩衣服领口和袖口的花边。

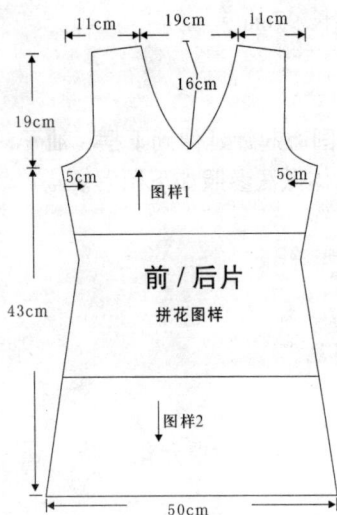

11cm　19cm　11cm

16cm

19cm

5cm　5cm

图样1

前/后片
拼花图样

43cm

图样2

50cm

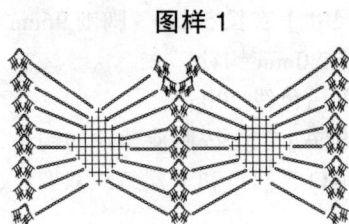

图样1

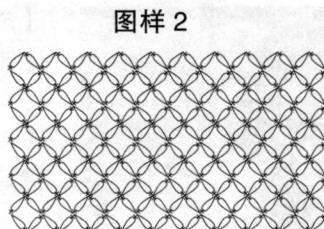

图样2

花边图样

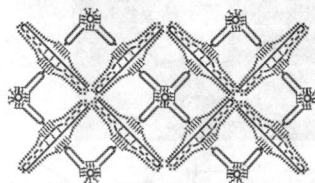

拼
花
图
样

迷人镂空装

【成品尺寸】衣长 50cm　胸围 88cm　袖长 13cm

【工具】2.0mm 钩针

【材料】白色线 200g　缎染线少许

【制作方法】参照衣服的结构图，按照拼花图样、圆圈图样和网针图样钩前片 2 片、后片 1 片、袖片 2 片，然后拼肩和侧缝，最后钩衣服外围花边。

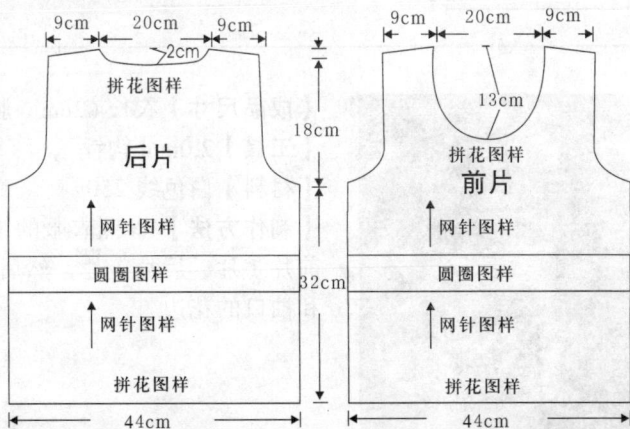

9cm　20cm　9cm

2cm

拼花图样

后片

网针图样

圆圈图样

网针图样

拼花图样

44cm

18cm

32cm

9cm　20cm　9cm

13cm

拼花图样

前片

网针图样

圆圈图样

网针图样

拼花图样

44cm

拼花图样

网针图样

圆圈图样

圆圈为一线连，每个圆
圈中间是3个锁针连接

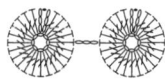

袖片

13cm

网针图样

26cm

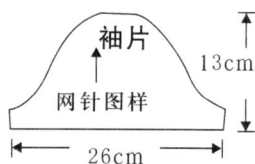

**领口、袖口和
下摆的花边**

【成品尺寸】衣长 54cm　胸围 96cm

【工具】9号棒针　4号钩针

【材料】白色棉线 140g　浅蓝色丝带线 40g

【密度】$10cm^2$：26针 ×34行

【制作方法】二股线编织，毛衣由前、后片组成。

　　1. 后片：用丝带线起 124 针下针边，2 行后换二股棉线编织下针后片，编织到 34cm 时开始袖窿减针，按结构图减完针后不加减针编织肩部，肩部余 100 针。

　　2. 前片：同样起 124 针编织下针前片，编织到 14cm 时从中间平分后两侧减针，按结构图减针，共织 20cm。

　　3. 花样：用丝带线起高钩织 6 组 2 针辫子针 2 针长针作花心，第二圈在每组中放出 3 针辫子针 2 针长针，组间钩 3 针辫子针。用丝带线圈起钩 8 针辫子针，在辫子针上钩出 7 针长针，返回与圆心连接，此方法重复 5 次。完成后断线。

　4. 缝合：将身片对应位置缝合。前片与单元花拼接，前、后片肩部由长针小花心连接。

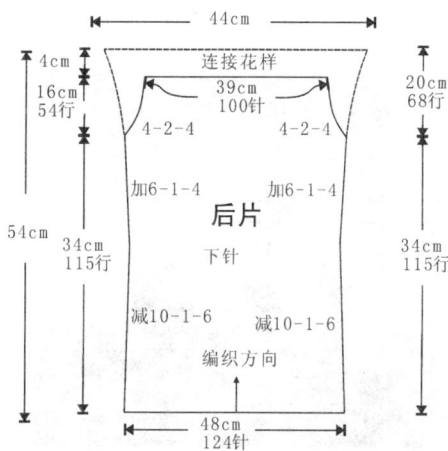

后片

44cm

4cm

16cm
54行

连接花样

39cm
100针

4-2-4　　　4-2-4

加6-1-4　　加6-1-4

后片

下针

减10-1-6　　减10-1-6

编织方向

54cm

34cm
115行

48cm
124针

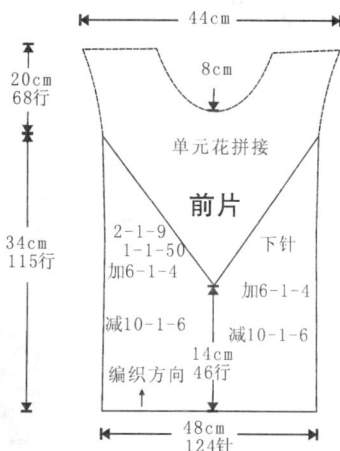

前片

44cm

20cm
68行

8cm

单元花拼接

加6-1-4　　加6-1-4

前片

下针

2-1-9
1-1-50

减10-1-6　　减10-1-6

34cm
115行

14cm
编织方向　46行

48cm
124针

单元花样

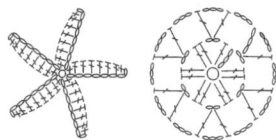

连接花样

高腰吊带长衫

【成品尺寸】衣长 73cm　胸围 108cm

【工具】11 号棒针　环形针

【材料】红色棉绒线 220g　白色棉绒线 70g　黑色棉绒线 70g　灰色棉绒线 70g

【密度】10cm²：36针×44行

【制作方法】单股线编织，吊带裙由前、后片组成。

1. 前、后片：起 194 针编织下针双层边，然后配色线编织下针后片，完成配色花样后开始两侧加减针收腰，编织至 66cm 时两侧分别减出袖窿及衣领，身长共织 73cm。用同样方法编织完成前片。

2. 缝合：将前、后片缝合，沿袖窿、衣领连续挑织单罗纹针双层边。将手工编织的辫子花肩带连接前、后片缝实。

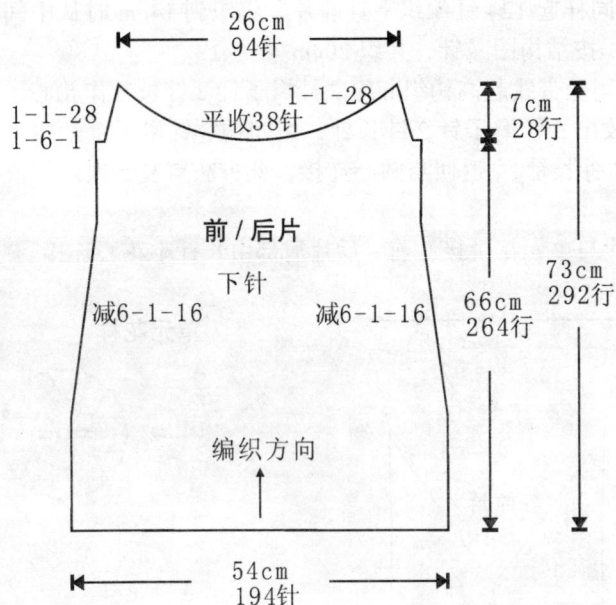

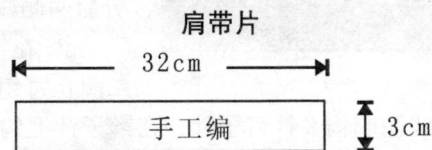

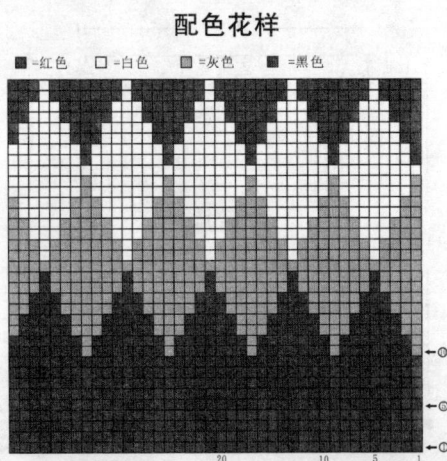

26cm
94针

1-1-28
1-1-28
平收38针
1-1-28
1-6-1

7cm
28行

前/后片

下针

减6-1-16　　减6-1-16

66cm
264行

73cm
292行

编织方向

54cm
194针

肩带片

32cm

手工编

3cm

配色花样

■=红色　□=白色　▨=灰色　■=黑色

20　　10　5　1

【成品尺寸】衣长 64cm　胸围 96cm

【工具】10 号棒针

【材料】蓝色丝棉线 80g　黑色丝棉线 60g　红色丝棉线 60g　棕色丝棉线 60g　银丝棉线 80g

【密度】10cm²：36针×44行

【制作方法】二股棉线一股银丝线编织，毛衣由前、后片组成。

　　1. 前、后片：用蓝色线起 174 针双罗纹针边，配色编织下针花样后片，减针收腰，织 58cm 后两侧袖窿减针，按图减针后织 7cm，收针断线。用同样方法编织完成前片。

　　2. 肩带片：起 20 针编织下针肩带，不加减针共织 40cm，完成 2 条。

　　3. 缝合：将前、后片缝合。将肩带沿袖窿位置缝实。

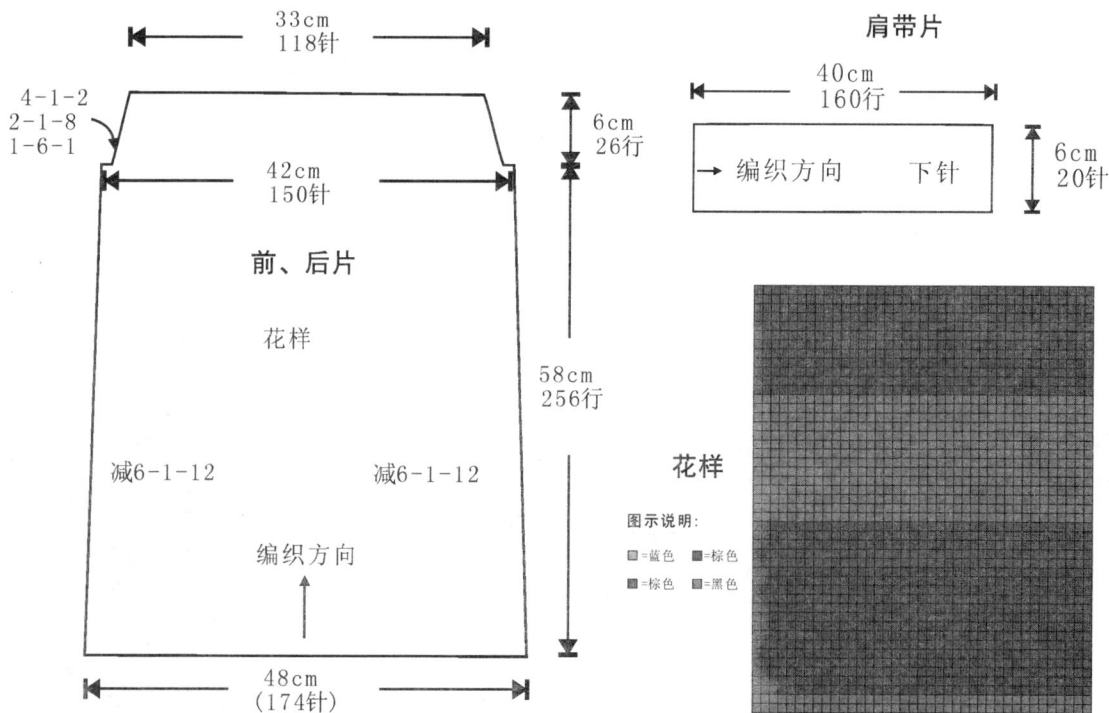

33cm
118针

4-1-2
2-1-8
1-6-1

6cm
26行

42cm
150针

前、后片

花样

58cm
256行

减6-1-12　　　减6-1-12

编织方向

48cm
(174针)

肩带片

40cm
160行

→ 编织方向　　　下针

6cm
20针

花样

图示说明：

■=蓝色　　■=棕色
■=棕色　　■=黑色

20　　　10　　5　　1

175

红色无袖长衫

【成品尺寸】衣长 85cm　胸围 102cm　袖长 8cm

【工具】10 号棒针

【材料】红色开司米线 210g

【密度】10cm² : 32针×40行

【制作方法】单股线编织，裙子由前片、后片、袖片缝合而成。

　　1. 后片：起 162 针下针双层边，然后编织花样后下片，两侧均匀减针，身长共织 45cm 时改织双罗纹针收腰，留出装饰腰带穿孔，织 5cm 后再继续编织花样后上片，不加减针织 15cm 后两侧袖窿减针，按图减针后肩部余 16 针，后片共织 84cm 时减出后领窝。

　　2. 前片：用同样方法编织前片，前片身长共织 71cm 时进行前衣领减针，按图减针后肩部余 16 针，收针断线。

　　3. 袖片：起 130 针编织下针袖山片，按图示两侧减针，共织 8cm 后收针断线，袖山余 66 针，将袖山拿活褶固定后与身片缝实。用同样方法完成另一片袖山片。

　　4. 缝合：将前片、后片、袖片对应缝实。沿领窝挑织单罗纹针边，袖口挑织下针双层边。腰间穿入单独编织的装饰腰带。

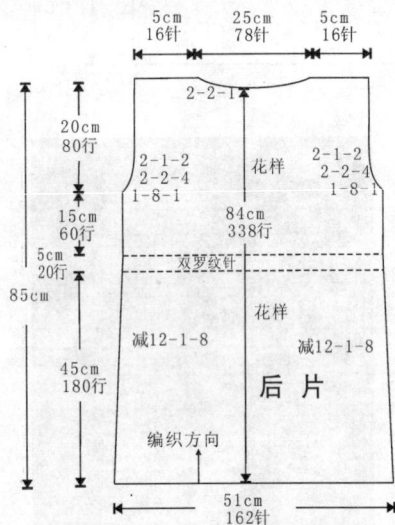

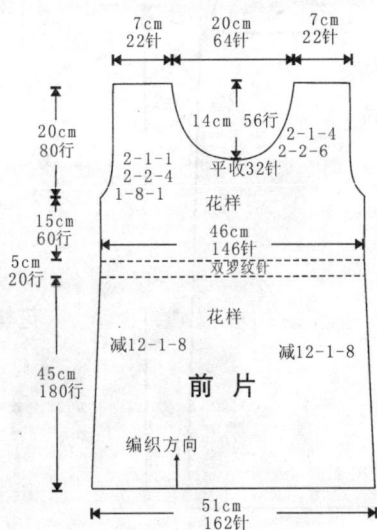

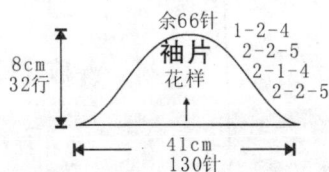

花样

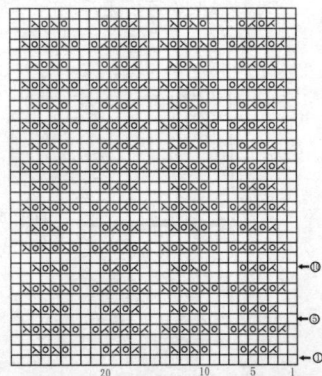

腰带孔花样

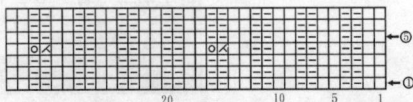

【成品尺寸】衣长74cm　胸围96cm
【工具】9号棒针
【材料】红色银丝交织绒线480g
【密度】10cm²：25针×32行
【制作方法】单股线编织，毛衣由前、后片组成。

　　1.后片：起120针下针双层边，然后编织花样1后片，编织34cm改为花样2编织，共织52cm时开始袖窿减针，花样2织25cm后再改为花样1，按结构图减针后编织到肩部，两肩部各余12cm。

　　2.前片：用同样方法编织120针前片，袖窿减针后身长织到66cm时进行前领窝减针，按图示减针后肩部余12cm。

　　3.缝合：沿对应位置将前、后片缝合，挑织下针双层领边、袖边。

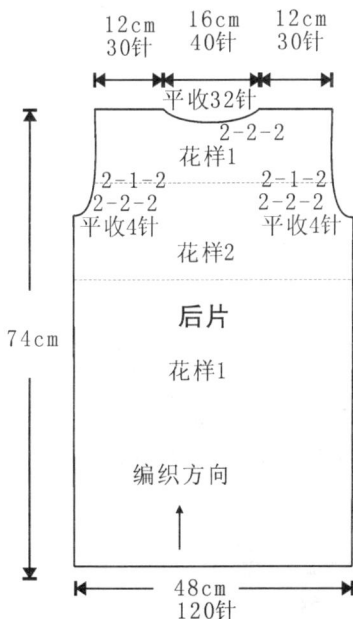

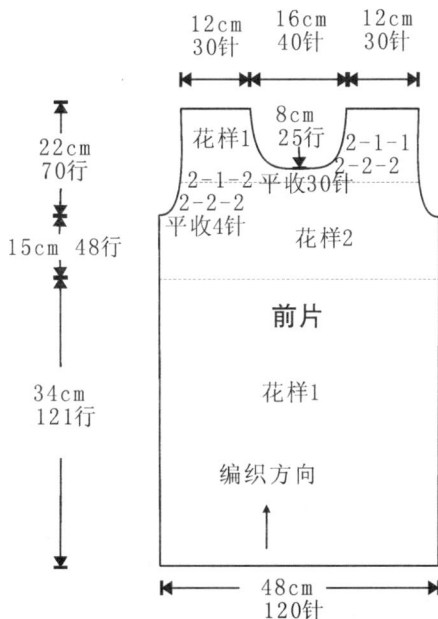

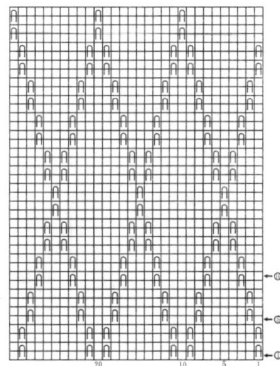

花样2

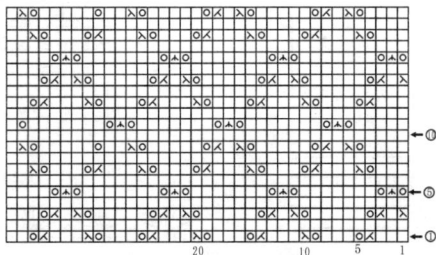

花样1

【成品尺寸】衣长 87cm　胸围 80cm
【工具】5 号棒针　10 号棒针　6 号钩针
【材料】红色银丝桑蚕线 290g
【密度】5号棒针10cm²：13针×20行　10号棒针10cm²：32针×40行
【制作方法】裙子心由前、后片及裙片缝合而成。

1. 裙片：二股线用细针起448针编织花样 1 边，织 7cm，然后 2 针并 1 针收针后编织下针裙片，不加减针织 45cm，收针断线，前后各完成 1 片。

2. 后片：五股线用粗针起 52 针编织花样 2 后片，织 3cm 时留出腰带穿孔，不加减针织 26cm 后两侧袖窿减针，按图减针后肩部余 5 针，后上片共织 44cm 时减出后领窝。

3. 前片：用同样方法起 52 针编织花样 2 前片，前片共编织 32cm 时前衣领减针，按图减针后肩部余 5 针，收针断线。

4. 缝合：先将裙片拿活褶固定，再与上身片缝合，然后前后对应缝合。沿领窝、袖窿钩织装饰花样边。腰间穿入单独编织的装饰腰带。

5. 装饰腰带绒球制作方法：将毛线在 30cm 宽的硬纸板上绕圈（圈数决定球的大小），抽出硬纸板后用线扎好中间，用剪刀剪断两边，修整为绒球。

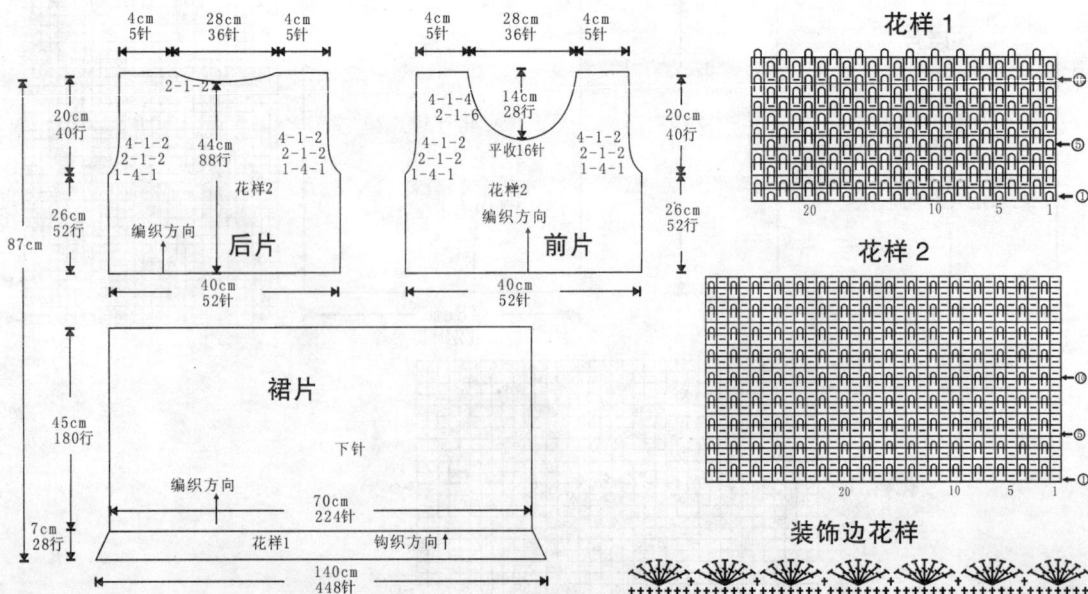

后片
4cm 5针　28cm 36针　4cm 5针
2-1-2
20cm 40行
4-1-2　44cm 88行　4-1-2
2-1-2　　　　　2-1-2
1-4-1　　　　　1-4-1
花样2
编织方向
26cm 52行
40cm 52针
87cm

前片
4cm 5针　28cm 36针　4cm 5针
14cm 28行
4-1-2　　　　　4-1-2
2-1-6
4-1-2　　　　　4-1-2
2-1-2　平收16针　2-1-2
1-4-1　　　　　1-4-1
花样2
编织方向
20cm 40行
26cm 52行
40cm 52针

裙片
下针
45cm 180行
编织方向
70cm 224针
钩织方向↑
7cm 28行
花样1
140cm 448针

花样1

花样2

装饰边花样

波浪花纹长衫

【成品尺寸】衣长 43cm　胸围 92cm

【工具】8 号棒针　4 号钩针

【材料】军绿色棉线 50g　白色棉线 40g　粉色棉线 40g　红色棉线 40g

【密度】10cm²：19针×25行

【制作方法】三股线编织，背心由前、后片组成。

　　1. 后片：用军绿色线起 88 针后，配色编织花样后片，不加减针织 23cm，两侧袖窿减针，后上片共织 20cm 时减出后领窝，按图减针后肩部余 9 针。

　　2. 前片：用同样方法起 88 针织花样前片，不加减针织 23cm，同时进行袖窿、前衣领减针，按图减针后肩部余 9 针，收针断线。

　　3. 缝合：将前、后片对应缝合，沿下边、衣领边、袖窿边钩装饰花边。

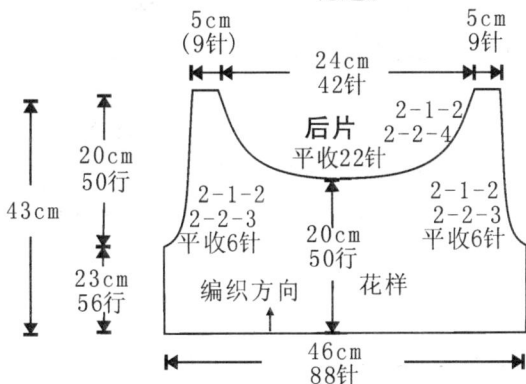

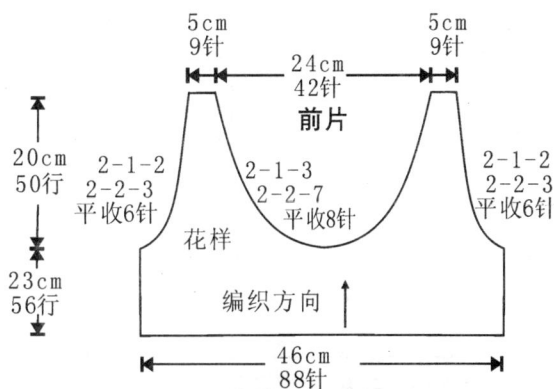

装饰边花样

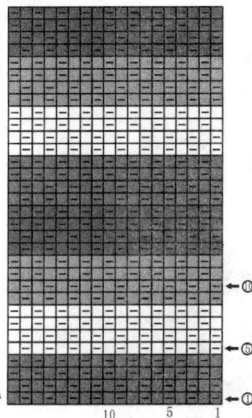

花样

■ =红色

■ =粉色

□ =白色

■ =军绿色

【成品尺寸】衣长 74cm　胸围 100cm

【工具】10 号棒针　6 号钩针

【材料】红色丝棉线 160g　黑色丝棉线 80g　白色丝棉线 80g　银丝线 20g

【密度】10cm²：36针×44行

【制作方法】单股线编织，毛衣由前片、后片、育克片组成。

　　1. 前、后片：起 180 针按花样 1 配色编织后片，花样中黑色线可加入银丝线点缀，减针收腰，织 70cm 后收针断线。用同样方法编织完成前片。

　　2. 育克片：起 95cm 辫子针按花样 2 钩织育克片，从后片中心位置起钩，加针钩织 12cm，收针断线。

　　3. 缝合：将前、后片缝合。将育克片与身片缝合，留出袖窿位置。

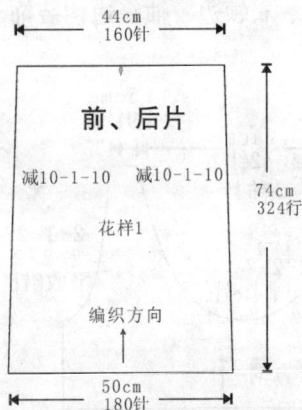

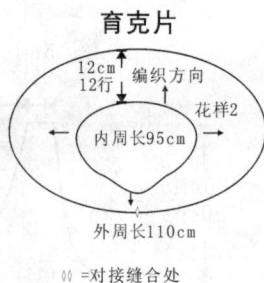

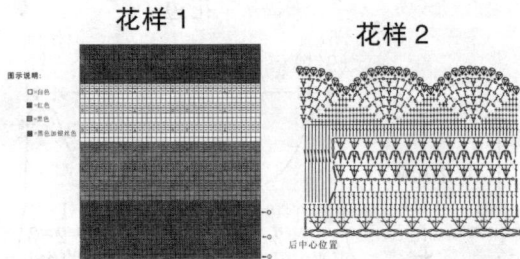

前、后片

44cm
160针

减10-1-10　减10-1-10

花样1

74cm
324行

编织方向

50cm
180针

育克片

12cm
12行

编织方向

花样2

内周长95cm

外周长110cm

◊◊ =对接缝合处

花样1

图示说明：
□=白色
■=红色
■=黑色
■=黑色加银丝线色

花样2

后中心位置

横条纹针织衫

【成品尺寸】衣长 55cm　胸围 96cm

【工具】10 号棒针

【材料】灰色竹炭棉 220g　黑色竹炭棉 60g

【密度】10cm²：31针×40行

【附件】纽扣 2 枚

【制作方法】二股线编织，毛衣由前、后片、肩带组成。

　　1. 前、后片：分别用黑色线起 148 针单罗纹针边，然后配色编织花样前、后片，两侧加减针收腰，编织至最后一配色花样时改织单罗纹针收紧，共织 55cm，收针断线。

　　2. 肩带：起 3 针编织下针肩带，共织 66cm，完成 2 条。

　　3. 缝合：将前、后片缝合。沿前片侧缝向中心 11cm 处缝好纽扣，将肩带对折后在后片将两端固定，位置与前片对称。

前、后片

42cm 130针

花样

加6 1 7   加6-1-7

减4-1-16   减4-1-16

编织方向

48cm 148针

55cm 220行

肩带片

66cm 264行

→ 编织方向   下针

1cm 3针

花样

■=黑色 □=白色

10 5 1

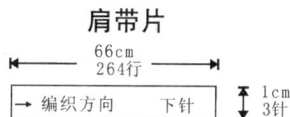

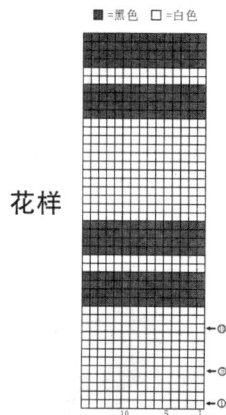

【成品尺寸】衣长85cm　胸围96cm　袖长25cm

【工具】1.7mm 棒针

【材料】咖啡色、白色纯羊毛

【密度】10cm²：44针×53行

【制作过程】1. 前片：按图起针，织下针，并间色，织至完成。

2. 后片：按图起针，织下针，并间色，织至完成，袖窿和领窝按图加减针。

3. 袖片：按图起针，织5cm双罗纹后，改织下针，织至完成，袖片和袖山按图加减针。

4. 缝合：全部缝合，下摆两片另织，按图织好后，与衣片缝合，领圈跳针，织5cm双罗纹，形成方角领，两只方角按领口花样图解编织。

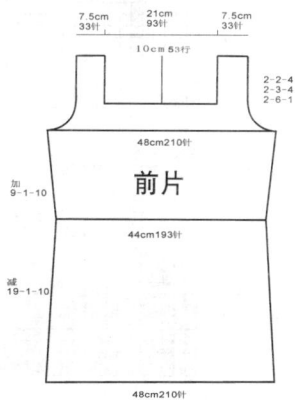

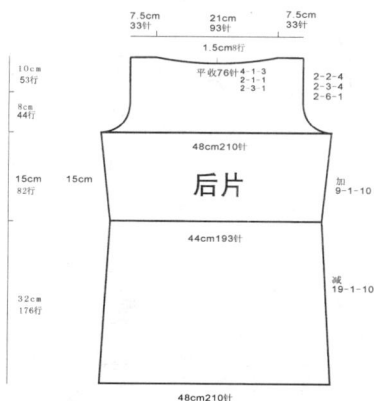

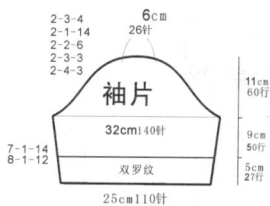

前片

7.5cm 33针   21cm 93针   7.5cm 33针

10cm 53行

2-2-4
2-1-4
2-6-1

8cm 44行

48cm210针

加 9-1-10

15cm 82行

44cm193针

减 19-1-10

48cm210针

15cm

后片

7.5cm 33针   21cm 93针   7.5cm 33针

1.5cm 行

平收76针 4-1-3
2-1-1
2-3-1

10cm 53行

2-2-4
2-1-4
2-6-1

48cm210针

加 9-1-10

44cm193针

减 19-1-10

32cm 176行

48cm210针

袖片

2-3-4
2-1-14
2-2-6
2-2-6
2-3-4   6cm 26针

11cm 60行

32cm 140针

7-1-14
8-1-12

双罗纹

9cm 50行

5cm 27行

25cm 110针

双罗纹

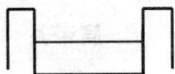

下摆 2片

编织方向

12cm 66行

96cm 422针

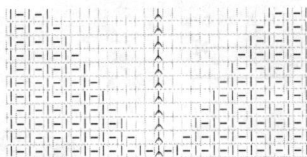

领子结构图

领口花样图解

黑白条纹长衫

【成品尺寸】衣长 75cm　胸围 136cm

【工具】7 号棒针

【材料】黑色银丝毛绒线 120g　白色毛绒线 100g

【密度】$10cm^2$：21针×25行

【制作方法】单股线编织，背心由前、后片组成。

　　1. 后片：起 170 针配色编织下针后片，两侧按图减针收腰，身长共织到 53cm 时，两侧开始袖窿减针，按结构图减完针后，不加减针编织到 74cm 时，减出后领窝，两肩部各余 8cm。

　　2. 前片：用同样方法完成前片，身长织到 56cm 时进行前领窝，完成后肩部余 8cm。

　　3. 缝合：前片领窝减针后，一侧按配色花样编织，一侧只编织黑色。沿边对应相应位置缝实，沿领窝、袖窿挑织下针边，向内对折沿内侧缝实，形成双层包边。将下边前后各拿 10 个活褶固定，沿边挑织单罗纹针边，边的宽度要与配色花样的宽度一致。

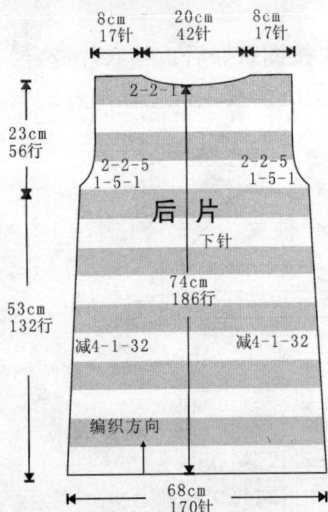

8cm 17针　20cm 42针　8cm 17针

2-2-1

23cm 56行

2-2-5 1-5-1　　2-2-5 1-5-1

后　片

下针

74cm 186行

53cm 132行

减4-1-32　　减4-1-32

编织方向

68cm 170针

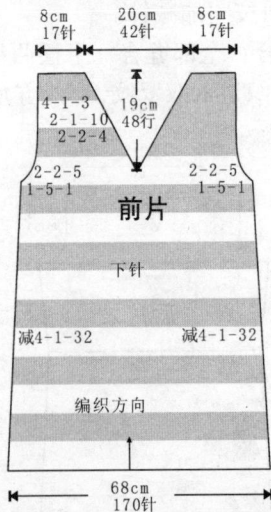

8cm 17针　20cm 42针　8cm 17针

4-1-3 2-1-10 2-2-4　19cm 48针

2-2-5 1-5-1　　2-2-5 1-5-1

前　片

下针

减4-1-32　　减4-1-32

编织方向

68cm 170针

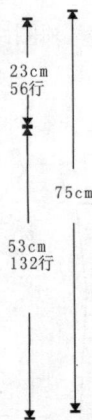

23cm 56行

75cm

53cm 132行

花样

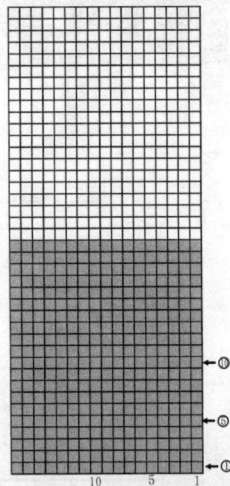

10　5　1

182

【成品尺寸】衣长85cm　胸围92cm
【工具】10号棒针
【材料】黑色棉线90g　白色棉线70g
【密度】10cm²：36针×44行
【制作方法】二股线编织，毛衣由前、后片组成。

　　1. 前、后片：用黑色线起164针双罗纹针边后配色编织后片，不加减针先编织花样1下侧，织40cm后改织花样2上侧，身长共织80cm后收针断线。用同样方法配色编织完成前片。用黑色线起164针双罗纹针，不加减针5cm，收针断线，完成2片。

　　2. 肩带：用黑色线起10针编织下针肩带，共织32cm，完成2条。

　　3. 缝合：将上、下片对接缝合，再将前、后片缝合。沿身片侧缝向中心7cm处将肩带与前、后片缝实。

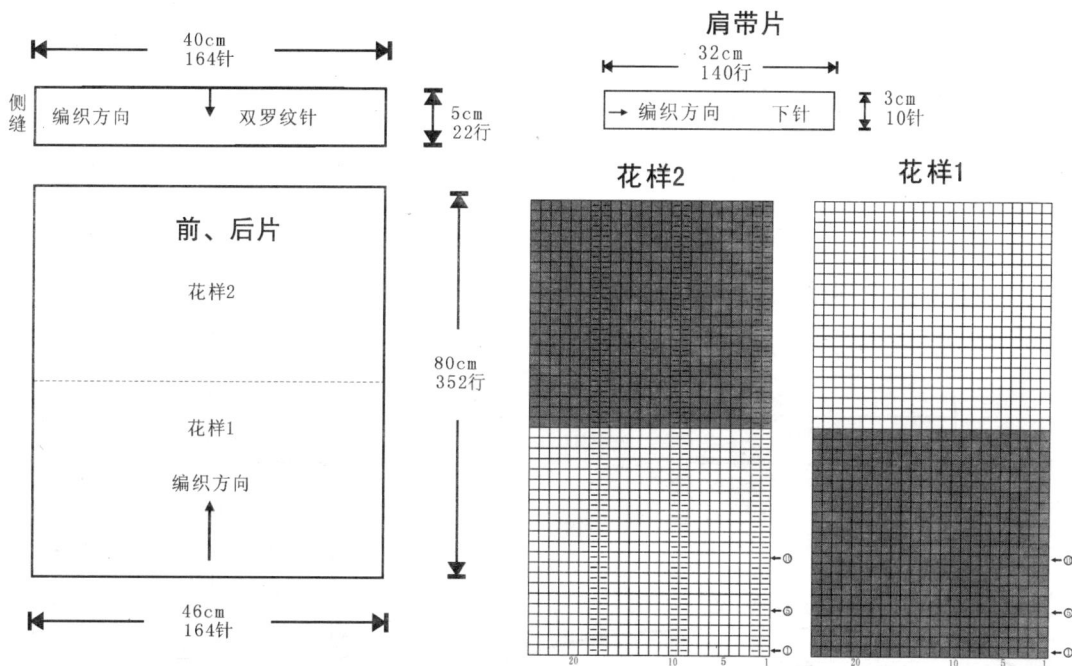

侧缝

40cm
164针

编织方向　　双罗纹针

5cm
22行

前、后片

花样2

花样1

编织方向

80cm
352行

46cm
164针

肩带片

32cm
140行

→ 编织方向　　下针

3cm
10针

花样2　　　　　花样1

清纯条纹长衫

【成品尺寸】衣长 85cm　胸围 96cm　袖长 10cm

【工具】1.7mm 棒针

【材料】深蓝色、白色纯羊毛

【密度】$10cm^2$：44针×53行

【制作过程】1. 前片：分上下2片编织，上片分左右2片，按编织方向织至完成，并间色。下部分按图起针，织8cm单罗纹后，改织下针，并间色，织至完成。

　　2. 后片：分上下2片编织，上片按编织方向起针，织下针，并间色，织至完成。下片按图起针，织8cm单罗纹后，改织下针，并间色，织至完成。

　　3. 缝合：全部缝合。其中袖口处须留下不缝。袖口另织好，按图缝合。

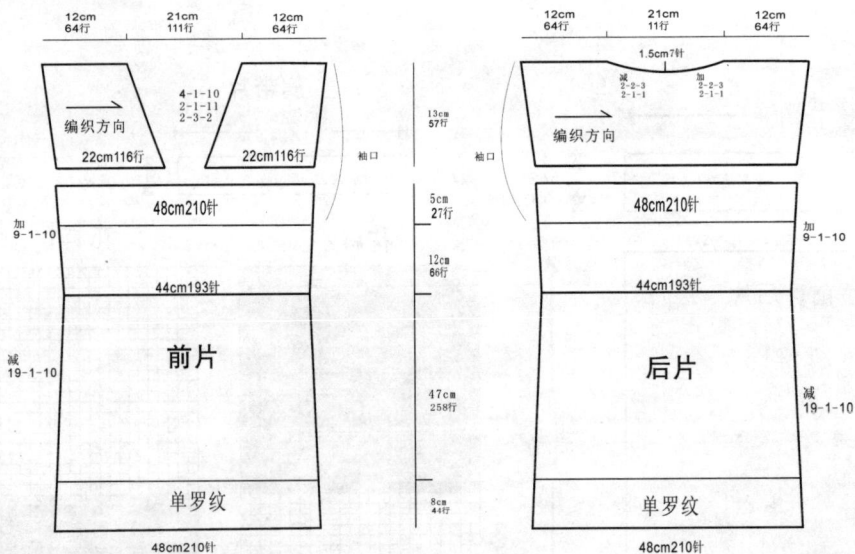

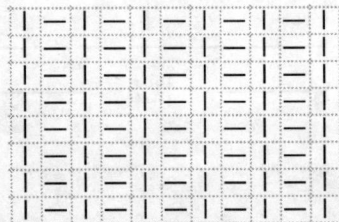

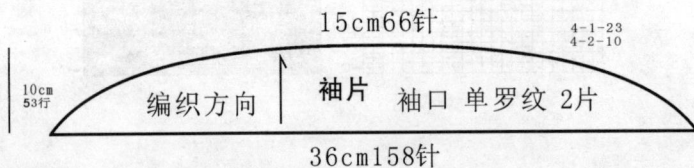

【成品尺寸】衣长 69cm　胸围 96cm

【工具】10 号棒针

【材料】紫色竹纤维线 210g　白色竹纤维线 60g

【密度】10cm² : 36针×44行

【制作方法】二股线编织，毛衣由下片和前、后上片组成。

　　1. 下片：用紫色线起 352 针花样 1 边，共织 7cm，然后 2 针并 1 针完成波浪造型，开始编织 28 行紫色 16 行白色配色花样 2 下片，配色行数自由掌握，减针收腰，收至 144 针，共织 37cm 后收针断线，完成 2 片。

　　2. 前、后片：用紫色线起 144 针编织花样 3 后片，织 12cm 时两侧袖窿减针，按图减针后肩部余 3 针，编至 20cm，收针断线。用同样方法编织完成前片。

　3. 缝合：先将上、下片对接缝合，再将前、后片缝合。沿领窝、袖窿挑织下针双层边。

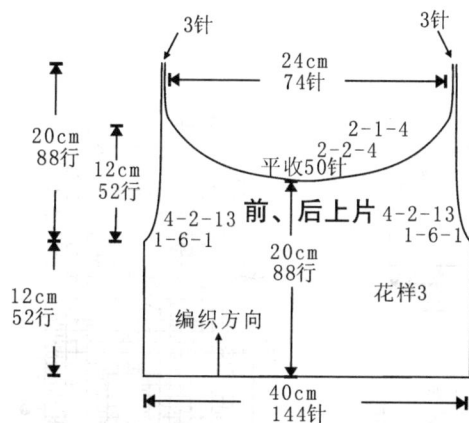

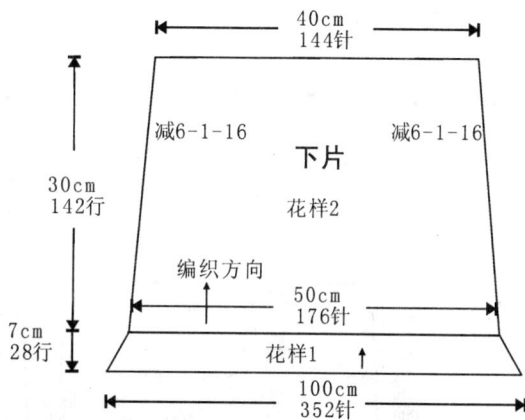

花样 1

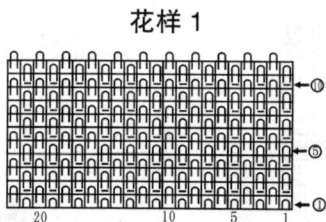

花样 2

图示说明：

□=白色

■=紫色

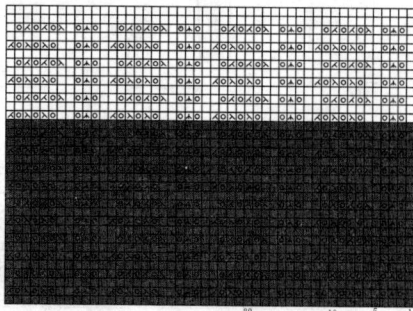

花样 3

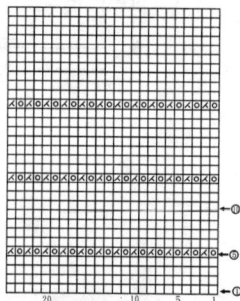

荷叶领长衫

【成品尺寸】衣长 80cm　胸围 102cm

【工具】10 号棒针

【材料】驼色开司米线 200g

【密度】10cm^2：32针×40行

【制作方法】单股线编织，背心由前、后片的上、下片缝合而成。

　　1. 后片：起 162 针，编织下针双层边，然后编织下针后下片，两侧减针收腰，身长共织 45cm 后，收针断线。另起 146 针，编织花样 1 后上片，不加减针织 15cm 后，两侧袖窿减针，按图减针后，肩部余 22 针，后上片共织 34cm 时，减出后领窝。

　　2. 前片：起 162 针，编织下针双层边，编织花样 2 前下片，两侧减针收腰，织 45cm 后，收针断线。另起 146 针，编织花样 1 前上片，不加减针织 15cm 后，两侧袖窿减针，前上片共编织 20cm 时，进行前衣领减针，按图减针后，肩部余 22 针，收针断线。

　3. 缝合：先将上、下片对应缝合，再将前、后片对应缝实。沿领窝、袖窿多挑宽松织单罗纹针装饰边，织 3cm。

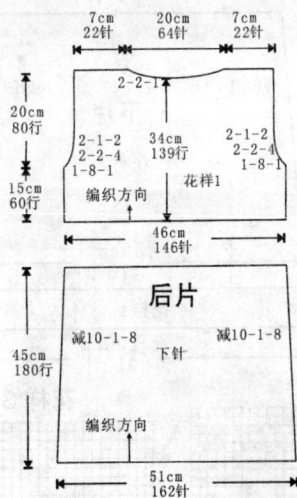

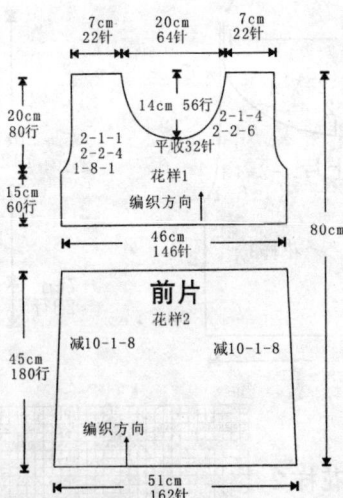

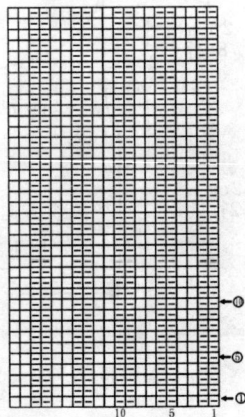

花样 1

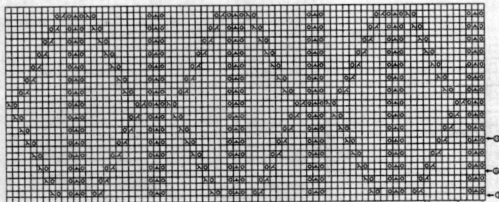

花样 2

【成品尺寸】衣长 74cm　胸围 88cm　袖长 19cm

【工具】11 号棒针

【材料】军绿色银丝棉麻 270g

【密度】10cm²：32针×44行

【制作方法】单股线编织，裙子由前片、后片、裙片、袖片组成。

　　1. 后片：起 140 针双罗纹针边，编织下针后片，织至 16cm 时开始袖窿减针，按结构图减针到肩部。

　　2. 前片：用同样方法起 140 针编织下针前片，身长共编织到 14cm 时中心平收 20 针，不加减针织 15cm 时再进行衣领减针，身长共织 16cm 时进行袖窿减针，按结构图两侧减完针后收针断线。

　　3. 袖片：起 108 针下针双层边编织花样 2 袖山片，两侧袖山减针，按图所示减针后余 20 针，断线。用同样方法再完成另一片袖片。

4. 裙片：起 168 针编织花样 1 裙片，不加减针织 88 行后两侧减针收腰，减至 140 针时收针断线，完成 2 片。

5. 缝合：将裙片与上片对接缝合，再将前、后片及袖片对应位置缝合。沿领窝挑织下针双层边。

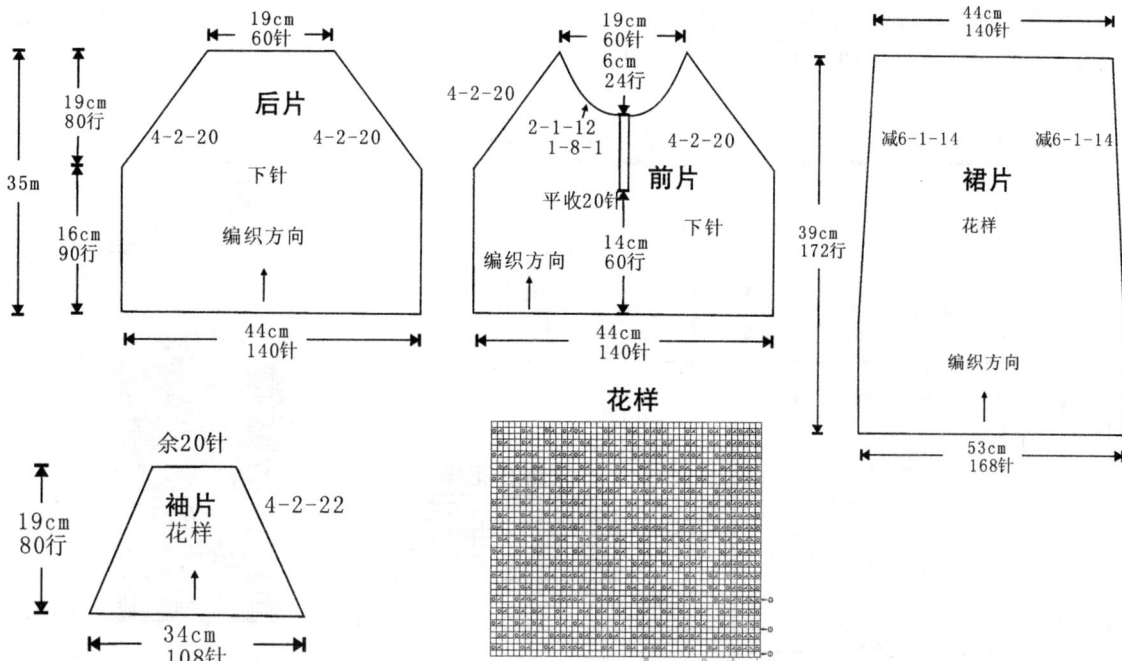

后片

19cm 60针

19cm 80行　　4-2-20　　4-2-20

35m

下针

16cm 90行　　编织方向

44cm 140针

前片

19cm 60针　6cm 24行

4-2-20

2-1-12　1-8-1　　4-2-20

平收20针　　下针

14cm 60行

编织方向

44cm 140针

裙片

44cm 140针

39cm 172行

减6-1-14　　减6-1-14

花样

编织方向

53cm 168针

袖片

余20针

19cm 80行　　袖片 花样　　4-2-22

34cm 108针

花样

褶皱边长裙

【成品尺寸】衣长 77cm　胸围 112cm

【工具】10 号棒针

【材料】黑色竹棉线 260g　银丝包心线 100g

【密度】10cm²：32针×40行

【制作方法】二股线编织，下针处加入银丝线编织。裙子由前、后上片、裙片缝合而成。

1. 后上片：起 146 针编织下针后上片，织 2cm 时留出腰带穿孔，不加减针织 12cm 后两侧袖窿减针，按图减针后肩部余 22 针，后上片共织 30cm 时减出后领窝。

2. 前上片：起 146 针双罗纹针，编织花样 2 前裙片，不加减针织 45cm 后收针断线。另起 146 针编织下针前上片，织 2cm 时留出腰带穿孔，不加减针织 12cm 后两侧袖窿减针，前上片共编织 20cm 时进行前衣领减针，按图减针后肩部余 22 针，收针断线。

3. 裙片：起 178 针双罗纹针，然后分别编织花样 1、花样 2，不加减针织 45cm 后收针断线。

4. 整理：分别将裙片每个下针花样处拿活褶固定，再与上片对接缝实，然后将前片、后片、袖片对应缝合。沿领窝挑织双罗纹针边，织 2cm。腰间穿入单独编织的装饰腰带。

5. 装饰腰带绒球制作方法：将毛线在 30cm 宽的硬纸板上绕圈（圈数决定球的大小），抽出硬纸板后用线扎好中间，用剪刀剪断两边，修整为绒球。

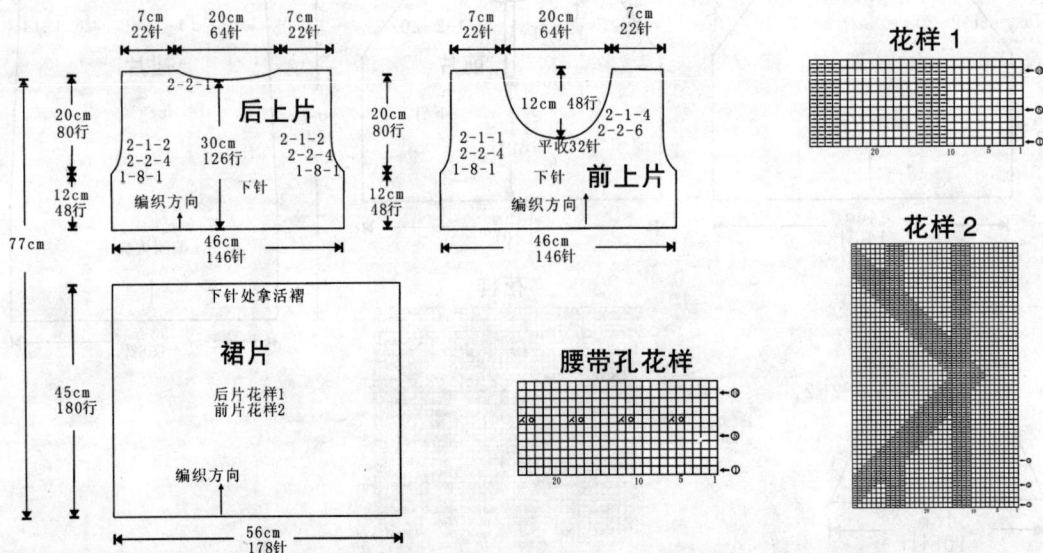

后上片

7cm 22针　20cm 64针　7cm 22针

2-2-1

20cm 80行

2-1-2
2-2-4
1-8-1

30cm 126行

下针

2-1-2
2-2-4
1-8-1

12cm 48行

编织方向

46cm 146针

77cm

前上片

7cm 22针　20cm 64针　7cm 22针

20cm 80行

12cm 48行

12cm 48行　平收32针

2-1-4
2-2-6

2-1-1
2-2-4
1-8-1

编织方向

46cm 146针

裙片

下针处拿活褶

后片花样1
前片花样2

编织方向

45cm 180行

56cm 178针

花样 1

花样 2

腰带孔花样

【成品尺寸】衣长 82cm　胸围 96cm　袖长 8cm
【工具】10 号棒针　锁边机
【材料】灰色竹棉线 240g
【密度】$10cm^2$：32 针 ×40 行
【材料】纽扣 3 枚　灰色纱
【制作方法】单股线编织，短袖衣由前片、后片、裙片、袖片缝合而成。

　　1. 裙片：起 38 针编织花样 1 下摆片，不加减针织 40cm，收针断线。共完成 8 片。

　　2. 后片：起 152 针双罗纹针编织花样 2 后上片，身长织 24cm 后两侧袖窿减针，按图减针后肩部余 22 针，后上片共织 40cm 时减出后领窝。

　　3. 前片：起 152 针双罗纹针边，编织花样 2 前上片，两侧减针，织 24cm 后开始两侧袖窿及前领减针，按图减针后肩部余 22 针，收针断线。

　　4. 袖片：起 82 针从袖口编织花样 1 袖片，不加减针织 4cm 后两侧袖山减针，按图减针后余 22 针，断线。用同样方法完成另一片袖片。

　　5. 缝合：将下摆片与剪裁的纱缝合，将后上下片、前上下片连接缝合，然后将前、后片对应缝实，缝合袖片。沿领窝挑织下针双层边。沿前领向下挑织装饰边。钉好纽扣。

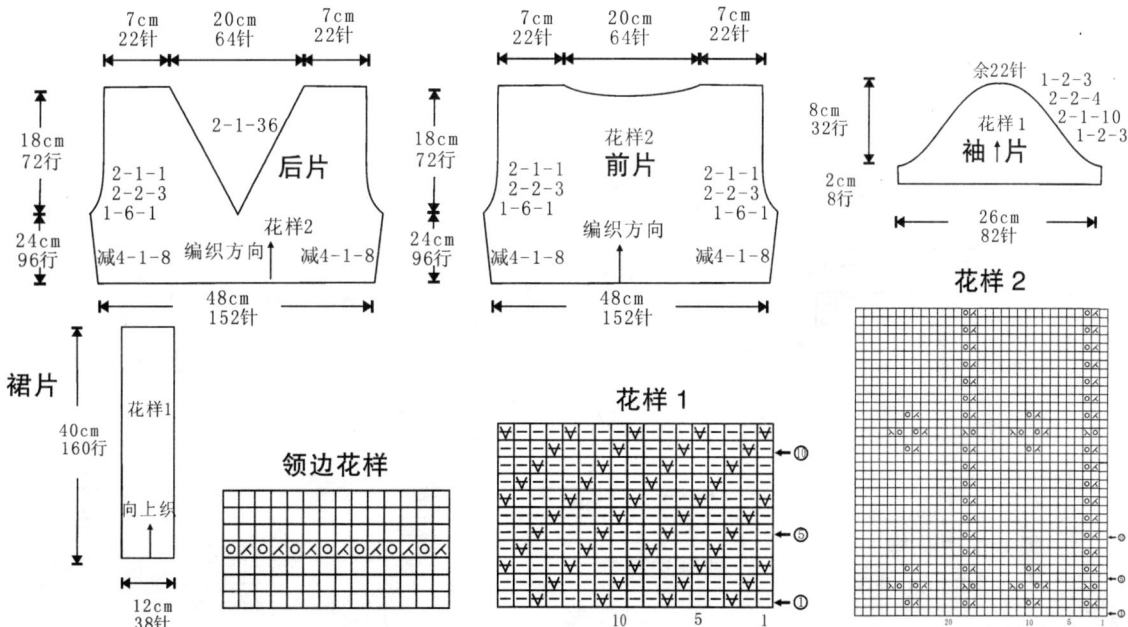

休闲透气长衫

【成品尺寸】衣长 80cm　胸围 92cm　袖长 8cm

【工具】10 号棒针　6 号钩针

【材料】白色丝光线 260g

【密度】10cm²：32针×40行

【制作方法】单股线编织，短袖衣由前上下片、后片、袖片缝合而成。

　　1. 后片：起 162 针，编织下针双层边，然后编织花样后片，两侧减针收腰，身长共织 60cm 后两侧袖窿减针，按图减针后肩部余 22 针，后上片共织 79cm 时，减出后领窝。

　　2. 前片：起 162 针，编织双罗纹针边，编织花样前下片，两侧减针收腰，织 45cm 后，收针断线。另起 146 针编织下针前上片，织 15cm 后开始两侧袖窿减针，织 21cm 时进行前领窝减针，按图减针后肩部余 22 针，收针断线。

　　3. 袖片：起 82 针，编织花样袖山片，两侧袖山减针，按图减针后余 22 针，断线。用同样方法完成另一片袖片。

　　4. 单元花：圈起钩 12 针长针花心，第二圈钩 24 针长针，第三圈钩 8 组 4 针扇形针、2 针辫子针，第四圈钩 8 组 3 针狗牙针及长针和 2 针辫子针。共完成 5 个单元花。

　　5. 缝合：先将拼接的单元花与前上片沿边缝合，再将前上、下片对应缝合，然后将前、后片对应缝实，缝合袖片，沿领窝、袖窿挑钩装饰花边。

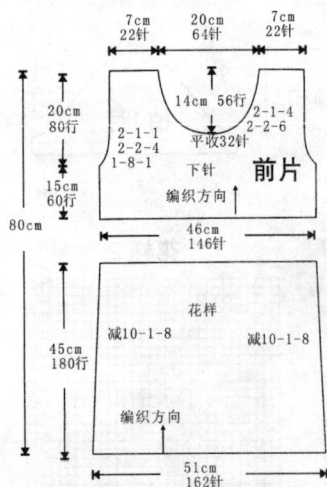

领装饰边花样

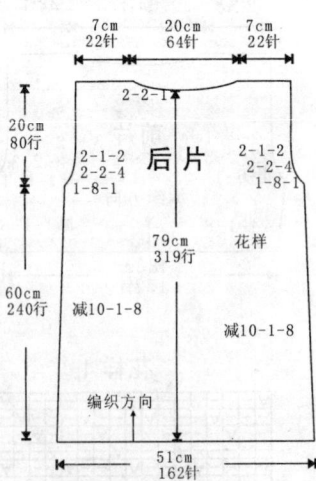

袖窿边花样

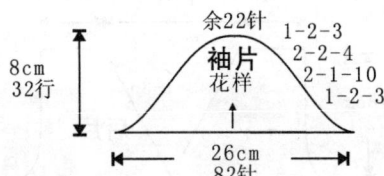

单元花样

花样

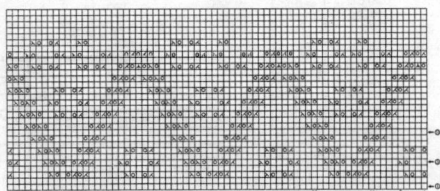

【成品尺寸】衣长80cm　胸围92cm
【工具】10号棒针
【材料】驼色开司米线200g
【密度】10cm²：32针×40行
【制作方法】二股线编织，背心由前、后片缝合而成。

　　1.后片：起146针单罗纹边，然后编织花样1后片，不加减针织45cm时改织花样2，身长共织60cm后两侧袖窿减针，按图减针后肩部余16针，后上片共织78cm时减出后领窝。

　　2.前片：用同样方法编织前片，前片身长共编织66cm时进行前衣领减针，按图减针后肩部余16针，收针断线。

　　3.缝合：起20针编织下针，不加减针织24cm，收针断线，对折后沿边从内侧缝合，织2片。将前、后片对应缝实。沿领窝、袖窿挑织下针双层装饰边。缝好蝴蝶结装饰。

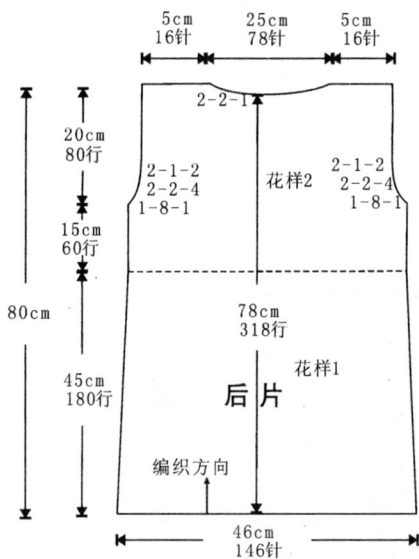

后片

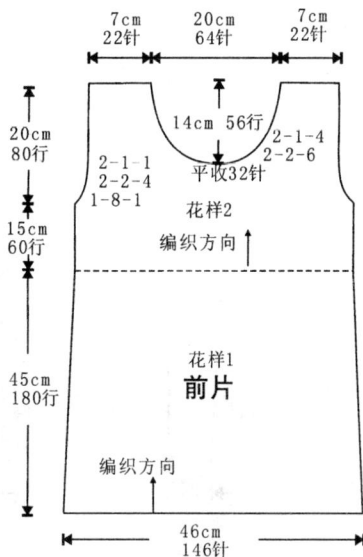

前片

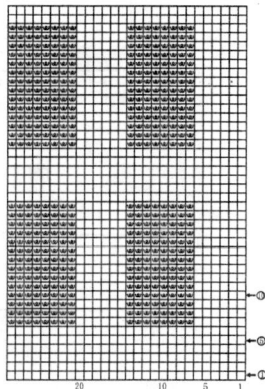

花样1

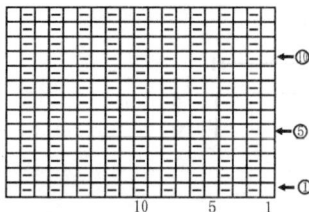

花样2

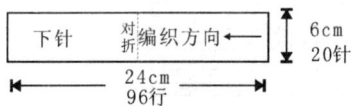

蝴蝶结片

下针　对折　编织方向
6cm 20针
24cm 96行

【成品尺寸】衣长48cm　胸围96cm

【工具】7号棒针

【材料】咖啡色花毛线150g

【密度】10cm²：21针×25行

【制作方法】二股线编织，毛衣由前后片、肩带组成。

　　1. 前、后片：分别起100针双罗纹针边，编织花样前、后下片，两侧减针收腰，编织至36cm时收针断线。起84针单罗纹针，不加减针12cm，收针断线，完成2片。

　　2. 肩带：起6针编织下针肩带，共织32cm，完成2条。

　　3. 缝合：将上、下片对接缝合，再将前、后片缝合。沿身片侧缝向中心7cm处将肩带与前、后片缝实。

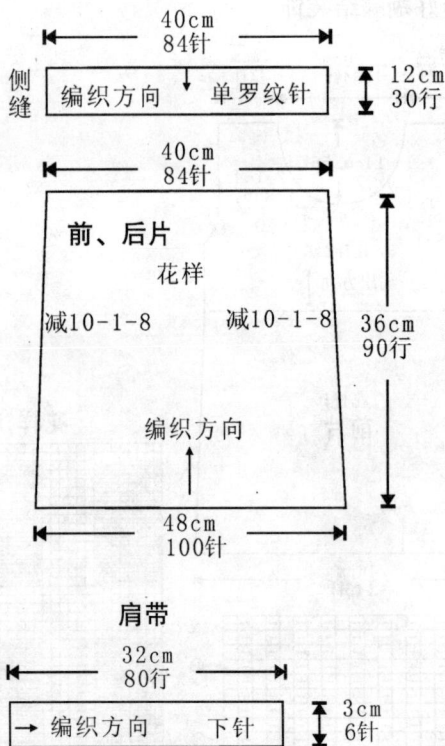

侧缝

40cm
84针

编织方向　→　单罗纹针

12cm
30行

40cm
84针

前、后片
花样

减10-1-8　　减10-1-8

36cm
90行

编织方向

48cm
100针

肩带

32cm
80行

→　编织方向　　下针

3cm
6针

单罗纹花样

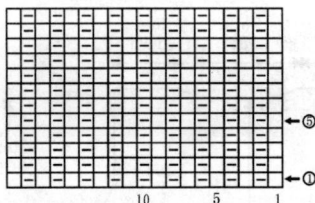

10　　5　　1

花样

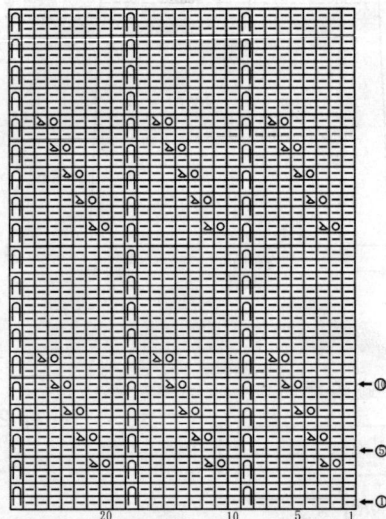

20　　　10　　5　　1

素雅连衣长裙

【成品尺寸】衣长 76cm　胸围 96cm　袖长 10cm

【工具】7 号棒针　环形针

【材料】浅粉色毛线 520g

【密度】10cm²：25针×24行

【附件】纽扣 5 枚

【制作方法】单股线横向编织，毛衣由前片、后片、袖片编织组成。

1. 后片：起 12 针从侧缝开始编织花样后片，一侧不加减针，一侧每 12 针加 1 次针，加针织至 140cm，然后平加 42 针，两侧不减针织 38cm，然后从加针侧开始减针，减针方法和针数同加针相同。

2. 前片：用同样方法起 12 针编织花样前片，完成加针后织 10cm 开始前衣领减针，按图示完成后织 5 行，然后加针编织另一侧前衣领，加针方法和针数同减针相同。

3. 袖片：起 114 针编织花样袖山片，按图完成减针后余 36 针，断线，将袖山拿活褶固定。用同样方法完成另一片袖片。

4. 缝合：将前、后片沿侧缝对接缝合，留出袖窿，缝合袖山片。挑织双罗纹针袖窿边和下针双层衣边。

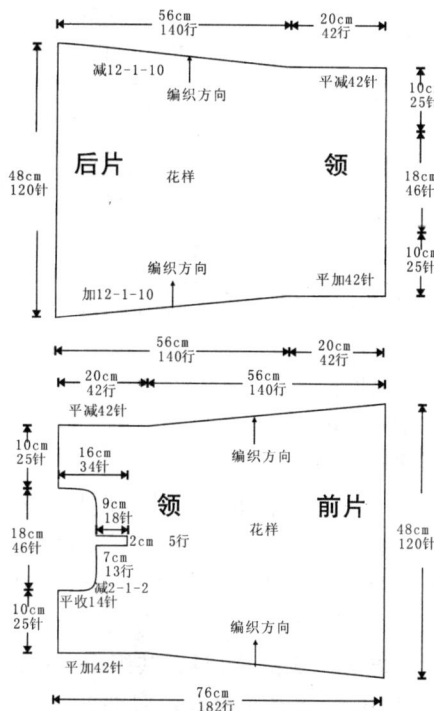

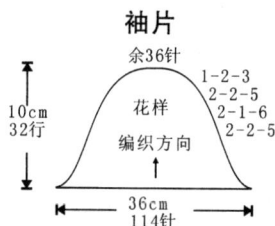

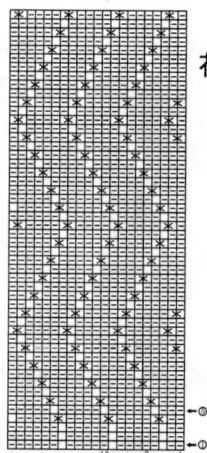

后片

减12-1-10　平减42针
编织方向
花样　领
编织方向
加12-1-10　平加42针

56cm 140行　20cm 42行
48cm 120针
10cm 25针　18cm 46针　10cm 25针

袖片

余36针
花样
编织方向

1-2-3
2-2-5
2-1-6
2-2-5

10cm 32行
36cm 114针

前片

平减42针
编织方向
16cm 34针
9cm 18针　领　花样　前片
2cm 5行
7cm 13针
减2-1-2
平收14针
编织方向
平加42针

56cm 140行　20cm 42行
20cm 42行　56cm 140行
10cm 25针　18cm 46针　10cm 25针
48cm 120针
76cm 182行

花样

【成品尺寸】衣长72cm　胸围90cm
【工具】7号棒针
【材料】浅咖啡色开司米线360g
【密度】10cm²：16针×23行
【制作方法】二股线编织，毛衣由前、后片组成。

　　1. 后片：起70针双罗纹针边，然后编织花样1后片，两侧加减针收腰，身长共织52cm后开始袖窿减针，按结构图减完针后，不加减针编织到67cm时减出后领窝，两肩部各余3针。

　　2. 前片：起70针编织花样2前片，侧缝加减针收腰，共编织38cm时开始前领窝减针，52cm时进行袖窿减针，按结构图减完针后收针断线。为使前领美观，减针时留出4针作边后再减。

　　3. 缝合：沿边对应相应位置缝实。

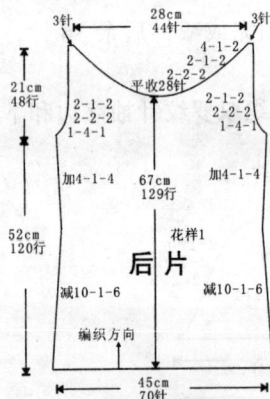

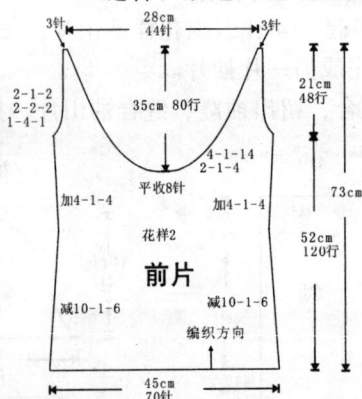

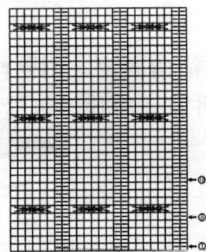

花样1

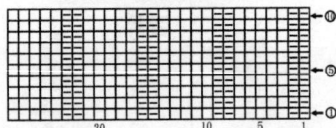

花样2

华丽针织衫

【成品尺寸】衣长75cm　胸围92cm　袖长7cm
【工具】10号棒针
【材料】灰色竹炭棉580g
【密度】10cm²：31针×40行
【附件】装饰亮片若干
【制作方法】单股线编织，短袖衣由前片、后片、袖片组成。

　　1. 后片：起142针双罗纹针边，编织下针后片，两侧减针收腰，身长共织55时两侧按结构图所示开始袖窿减针。袖窿完成减针后不加减针编织到肩部，收针断线。

　　2. 前片：用同样方法完成前片，身长共织69cm时进行前领窝减针，按图所示完成减针后编织至肩部收针，肩部余24针。前片亮片可以加入线中随下针编织，也可以在成品完成后逐片沿下针缝实，密度可以自由调节。

　　3. 袖片：起74针编织双罗纹针袖山片，按图示两侧减针，共织7cm后收针断线，袖山余18针。

　　4. 缝合：沿边将各片对应位置缝合，挑织下针领边，完成后领边自然卷曲。

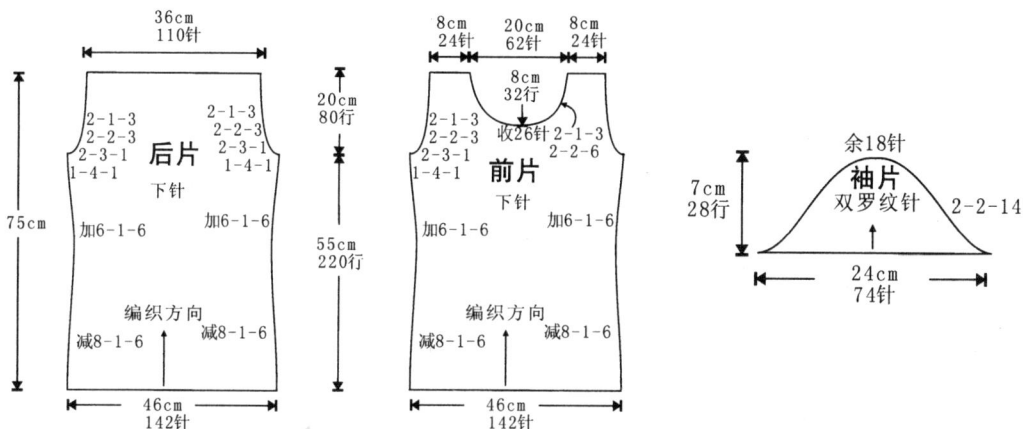

后片示意图：
36cm 110针
20cm 80行
55cm 220行
75cm
46cm 142针
2-1-3
2-2-3
2-3-1
1-4-1
下针
加6-1-6
编织方向
减8-1-6

前片示意图：
8cm 24针 / 20cm 62针 / 8cm 24针
8cm 32行
收26针
2-1-3
2-2-3
2-3-1
1-4-1
2-1-3
2-2-6
下针
加6-1-6
编织方向
减8-1-6

袖片示意图：
余18针
7cm 28行
袖片 双罗纹针
2-2-14
24cm 74针

【成品尺寸】衣长75cm　胸围92cm　袖长7cm

【工具】10号棒针

【材料】灰色竹炭棉720g

【密度】$10cm^2$：31针×40行

【附件】装饰亮片若干

【制作方法】单股线编织，短袖衣由前片、后片、袖片组成。

　　1. 后片：起142针编织下针后片，织15cm时两侧按结构图所示开始袖窿减针。袖窿完成减针后不加减针编织到肩部，身长共织到34cm时减出后领窝，收针断线。

　　2. 前片：起142针编织下针前片，织55cm时袖窿减针，身长共织67cm时进行前领窝减针，按图所示完成减针后编织至肩部收针，肩部余24针。

　　3. 袖片：起74针编织双罗纹针袖山片，按图示两侧减针，共织7cm后收针断线，袖山余18针。

　　4. 下摆：起150针编织下针下摆片，不加减针织126cm，收针断线。

　　5. 缝合：沿边将前、后片及袖片对应位置缝合，挑织下针领边，完成后领边自然卷曲。将后下摆片沿一侧前片侧缝开始与身片缝实，依次为前侧缝、后片、前侧缝。

　　6. 整理：全部缝合完成后，沿前侧下边挑织下针双层边，挑织时针数要少，最好先将前边拿活褶固定后再挑织。缝制前片装饰亮片，图案可根据喜好随意变换。

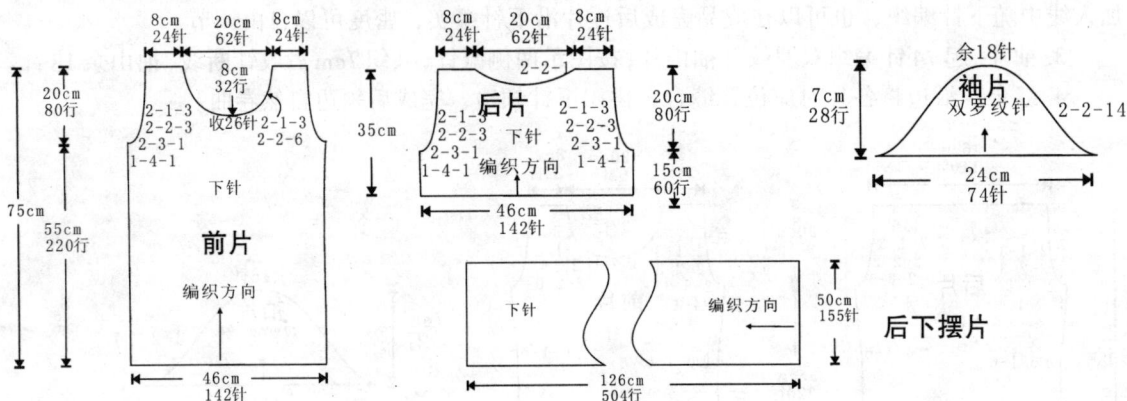

可爱公主裙

【成品尺寸】衣长48cm　胸围96cm

【工具】11号棒针　7号钩针　锁边机

【材料】桑蚕丝220g

【密度】$10cm^2$：32针×44行

【附件】真丝布料

【制作方法】单股线编织，裙子由前片、后片、袖片及纱质裙片组成。

1. 后片：起156针双罗纹针，织6行，改织花样1后片，织至28cm时开始袖窿减针，按结构图减针到肩部。

2. 前片：用同样方法起156针编织花样1前片，身长共编织到28cm时同时进行袖窿、前衣领减针，按结构图两侧减完针后收针断线。

3. 袖片：起108针从袖口编织花样2袖片，不加减针织2cm后开始袖山减针，按图所示减针后余12针，断线。用同样方法再完成另一片袖片。

4. 缝合：将前、后片及袖片对应位置缝合。沿领窝钩织装饰花边，连接纱质裙片缝合，将下边锁边定型。

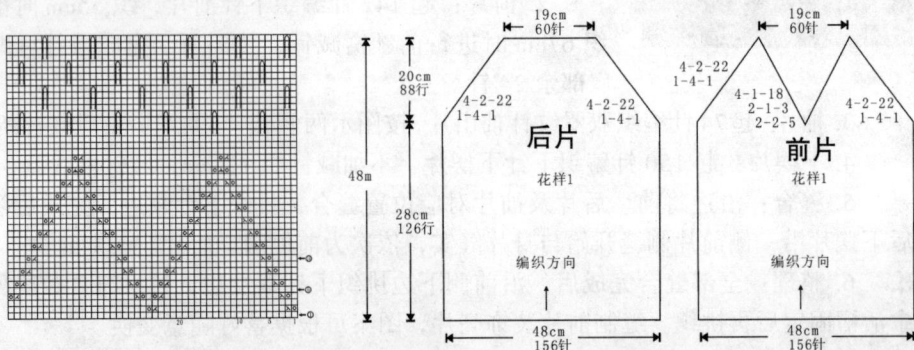

花样1

装饰边花样

花样2

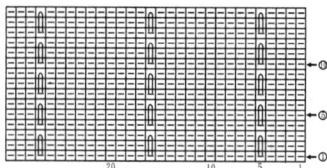

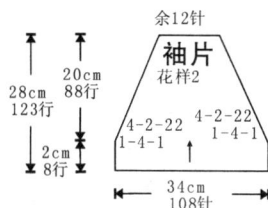

余12针

袖片
花样2

28cm   20cm
123行   88行

4-2-22   4-2-22
1-4-1   1-4-1

2cm
8行

34cm
108针

【成品尺寸】衣长87cm　胸围92cm

【工具】10号棒针　6号钩针

【材料】白色丝棉线200g

【密度】10cm²：32针×37行

【制作方法】单股线编织。背心由前、后片及下摆片、袋片缝合而成。

　　1. 下摆片：起370针编织花样1下摆片，不加减针织45cm，收针断线，织一片。

　　2. 后片：起146针编织双罗纹针，然后编织上针后片，不加减针织12cm后两侧袖窿减针，按图减针后肩部余22针，后上片共织30cm时减出后领窝。

　　3. 前片：起75针双罗纹针后编织上针前片，不加减针织12cm后袖窿减针，前片共编织18cm时进行前衣领减针，按图减针后肩部余22针，收针断线。用同样方法完成另一片前片，减针方向相反。

　　4. 缝合：先将前、后片对应缝合，再将下摆片与身片缝合。沿下边钩织花样2装饰边，外侧钩织装饰花样，沿领窝、衣襟边、袖窿挑织双罗纹针边，袖窿边外侧钩织装饰花样。

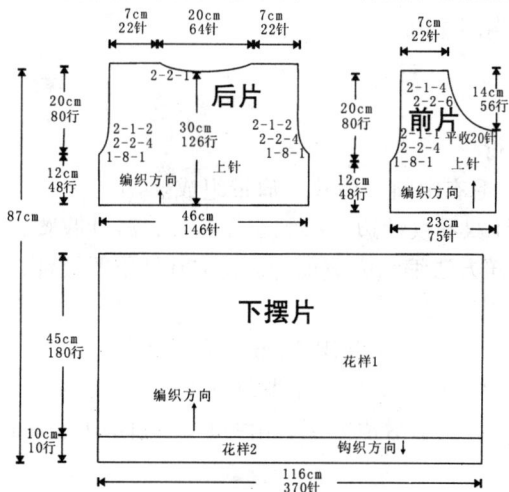

7cm   20cm   7cm
22针   64针   22针

2-2-1

后片

20cm
80行

2-1-2   30cm   2-1-2
2-2-4   126行   2-2-4
1-8-1   上针   1-8-1

12cm
48行

编织方向

87cm

46cm
146针

20cm
80行

7cm
22针

2-1-4
2-2-6

前片

2-1-2
2-2-4   平收20针
1-8-1   上针

12cm
48行

编织方向

23cm
75针

14cm
56行

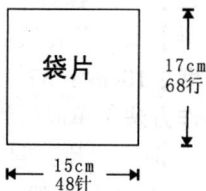

袋片

17cm
68行

15cm
48针

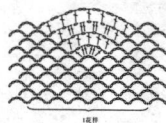

花样2

45cm
180行

下摆片

花样1

编织方向

10cm
10行

花样2   钩织方向↓

116cm
370针

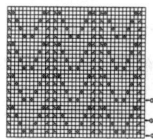

花样1

衣边装饰花样

【成品尺寸】衣长 32cm　胸围 90cm

【工具】10 号棒针　6 号钩针

【材料】白色棉线 180g

【密度】10cm²：32针×40行

【附件】真丝布料　蕾丝花边

【制作方法】单股线编织，吊带裙由前、后片及下身布料裙缝合而成。

　　1. 后片：起 146 针编织花样后片，不加减针织 12cm 后两侧袖窿减针，后片共织 15cm 时减出后领窝，按图减针后，收针断线。

　　2. 前片：起 146 针编织花样前片，不加减针织 12cm，然后进行袖窿、前衣领减针，按图减针后收针断线。

　　3. 缝合：将前、后片对应缝合，沿衣领边、袖窿边挑钩装饰花边，并钩织肩带。将真丝布料裙片与编织完成的上身片缝合，下边缝好蕾丝花边。

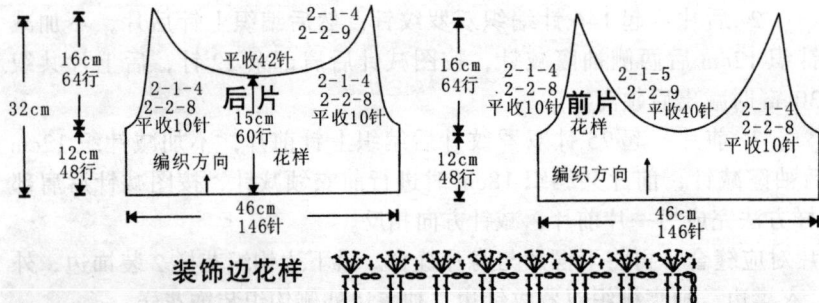

花样

装饰边花样

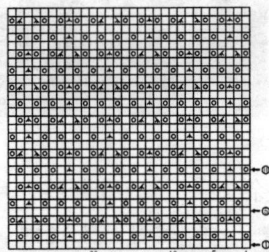

棕色成熟长裙

【成品尺寸】衣长 78cm　胸围 140cm

【工具】10 号棒针

【材料】咖啡色花线 300g

【密度】10cm²：37针×44行

【制作方法】单股线编织，毛衣由前、后片、肩带组成。

　　1. 前、后片：起 256 针双罗纹针边，编织花样后片，减针收腰，织 70cm 后收针断线。用同样方法编织完成前片。起 170 针单罗纹针，不加减针 8cm，收针断线，完成 2 片。

　　2. 肩带：起 48 针编织下针肩带，共织 32cm，完成 2 条。

　　3. 缝合：将花样下身片拿活褶固定后与单罗纹针上身片对接缝合，再将前、后片缝合。将肩带两端拿活褶固定，沿身片侧缝向中心 7cm 处将肩带与前、后片缝实。

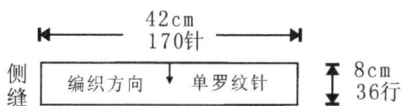

侧缝

42cm 170针

编织方向 ↓ 单罗纹针 | 8cm 36行

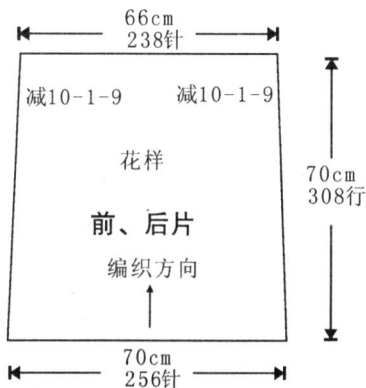

66cm 238针

减10-1-9　减10-1-9

花样

前、后片

编织方向 ↑

70cm 308行

70cm 256针

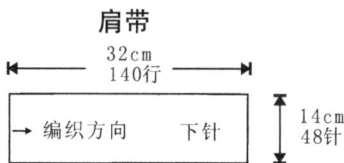

肩带

32cm 140行

→ 编织方向　下针 | 14cm 48针

花样

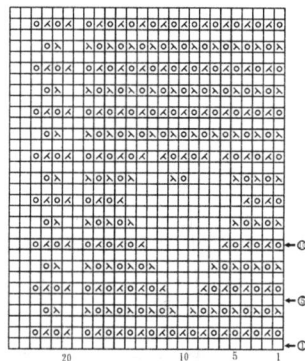

【成品尺寸】衣长74cm　胸围102cm

【工具】11号棒针

【材料】咖啡色棉绒线430g

【密度】10cm²：36针×40行

【制作方法】单股线编织，吊带裙由前片、后片、肩带组成。

　1. 后片：起184针编织花样，两侧减针收腰，编织至66cm时收针断线。

　2. 前片：起184针编织花样片，两侧减针收腰，编织至66cm时两侧分别减出袖窿及衣领，身长共织74cm。

　3. 肩带：起18针编织下针肩带，不加减针完成2条，分别织60cm、90cm。

　4. 缝合：将前、后片缝合，先沿前衣领连接前、后片缝合左侧60cm肩带，再将右侧90cm肩带沿侧缝处斜压住左侧肩带沿前衣领缝合。

肩带

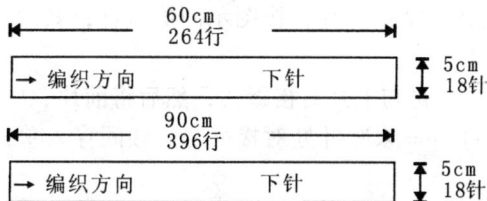

60cm 264行

→ 编织方向　下针 | 5cm 18针

90cm 396行

→ 编织方向　下针 | 5cm 18针

花样

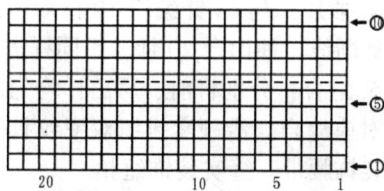

前片

21cm
76针

1-1-38

1-1-38 1-1-38

花样

减10-1-16 .... 减10-1-16

前片

编织方向

8cm
38行

74cm
292行

66cm
264行

51cm
184针

后片

42cm
150针

花样

减10-1-17 .... 减10-1-17

后片

编织方向

66cm
264行

51cm
184针

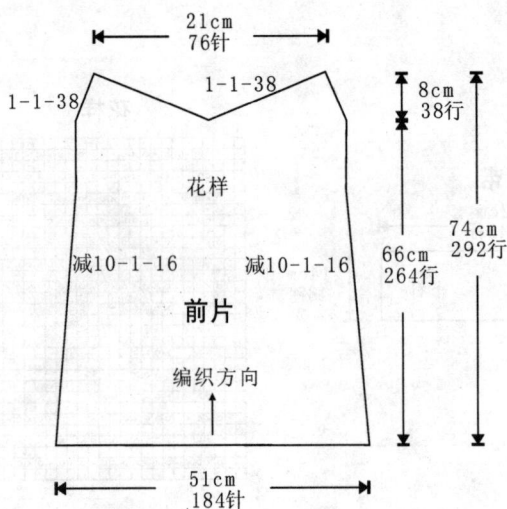

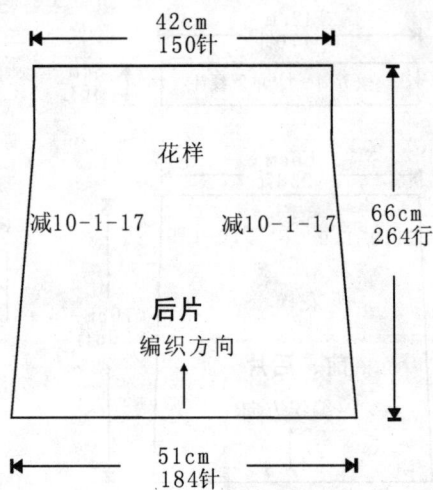

魅力无袖长装

【成品尺寸】衣长 75cm　胸围 92cm　袖长 8cm

【工具】10 号棒针

【材料】黑色丝棉线 280g

【密度】$10cm^2$：32针×40行

【附件】纽扣 2 枚

【制作方法】二股线编织，裙子由前、后片、下片、袖片缝合而成。

1. 下片：起 224 针下针双层边，然后编织花样 1 裙片，不加减针织 45cm 后收针断线。织前、后各 1 片。

2. 后片：起 146 针编织下针后上片，织 4 行时留出腰带穿孔，不加减针织 10cm 后两侧袖窿减针，按图减针后肩部余 22 针，后上片共织 29cm 时减出后领窝。

3. 前片：另起 146 针编织下针前上片，织 4 行时留出腰带穿孔，织 5cm 后中间平收 32 针，两侧分片不加减针织 5cm 后开始前衣领和袖窿减针，按图减针后肩部余 22 针，收针断线。用同样方法完成另一侧。

4. 袖片：起 64 针编织 10 行双罗纹针边后编织花样 2 袖山片，按图示两侧减针，共织 8cm 后收针断线，袖山余 20 针。用同样方法完成另一片袖片。

5. 缝合：分别将前、后裙片均匀拿 6 个活褶固定，再与上片对接缝实，然后将前片、后片、袖片对应缝合。沿领窝挑织双罗纹针边，织 5cm，将 5cm 未减针处对接缝合。腰间穿入单独编织的装饰腰带。缝实装饰纽扣。

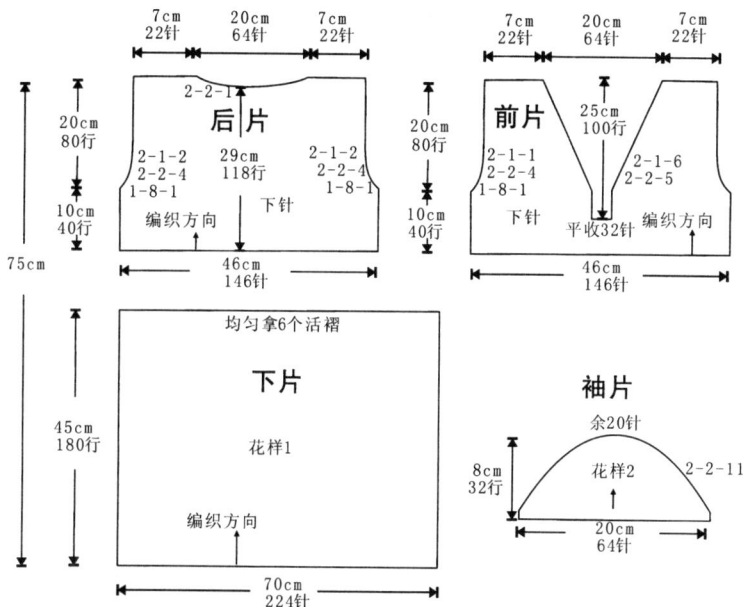

腰带孔花样

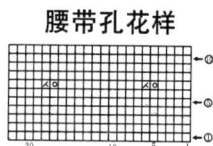

花样 2

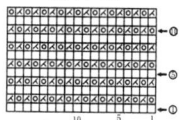

花样 1

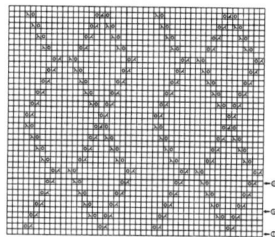

Diagram labels:

后片
7cm 22针　20cm 64针　7cm 22针
20cm 80行
2-2-1
2-1-2 / 2-2-4 / 1-8-1　29cm 118行　2-1-2 / 2-2-4 / 1-8-1
编织方向　下针
10cm 40行
75cm
46cm 146针

前片
7cm 22针　20cm 64针　7cm 22针
20cm 80行
25cm 100行
2-1-1 / 2-2-4 / 1-8-1　下针　2-1-6 / 2-2-5
平收32针
10cm 40行
编织方向
46cm 146针

下片
均匀拿6个活褶
花样1
45cm 180行
编织方向
70cm 224针

袖片
余20针
8cm 32行　花样2　2-2-11
20cm 64针

【成品尺寸】衣长 75cm　胸围 96cm

【工具】11 号棒针

【材料】黑色银丝棉麻 270g

【密度】$10cm^2$：32针×44行

【制作方法】单股线编织，裙子由前片、后片、裙片、袖片组成。

　　1. 后片：起 156 针双罗纹针边，编织下针后片，织至 26cm 时开始袖窿减针，按结构图减针到肩部。

　　2. 前片：用同样方法起 156 针编织下针前片，身长共编织到 26cm 时同时进行袖窿、前衣领减针，按结构图两侧减完针后收针断线。

　　3. 袖片：起 100 针双罗纹针后编织花样 2 袖山片，两侧袖山减针，按图所示减针后余 12 针，断线。用同样方法再完成另一片袖片。

　　4. 裙片：起 204 针编织花样 1 裙片，不加减针织 172 行后收针断线。完成 2 片。

　　5. 缝合：将裙片拿活褶固定，拿褶后尺寸与上片相同，然后将上、下片对接缝合，再将前、后片及袖片对应位置缝合。沿领窝挑织双罗纹针边。

后片

19cm
60针

20cm
88行

4-2-22
1-4-1

4-2-22
1-4-1

36m

16cm
90行

后片
下针

编织方向

48cm
156针

前片

19cm
60针

4-2-22
1-4-1

4-1-18
2-1-3
2-2-5

4-2-22
1-4-1

前片
下针

编织方向

48cm
156针

裙片

裙片

花样1

39cm
172行

编织方向

63cm
204针

袖片

余12针

20cm
88行

袖片
花样2

4-2-22

31cm
100针

花样 1

花样 2

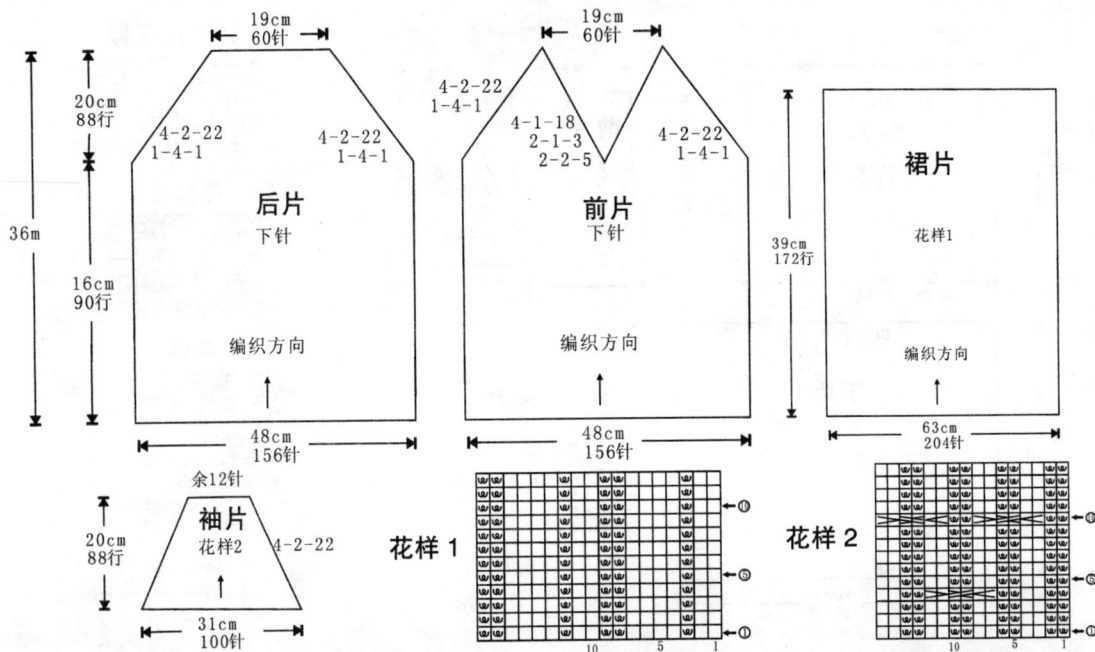

【成品尺寸】衣长 50cm　胸围 88cm

【工具】10 号棒针　环型针

【材料】黑色毛线 480g

【密度】10cm² ：31针×40行

【附件】纽扣 3 枚

【制作方法】单股线编织，毛衣由前、后片、下摆片组成。

　　1. 后片：起 136 针双罗纹针边，织 28 行，然后编织下针后片，编织到 25cm 时开始袖窿减针，按结构图减完针后不加减针编织到肩部，共织到 49cm 时减出后领窝，两肩部各余 7cm。

　　2. 前片：起 68 针双罗纹针边后织下针前片，编织到 25cn 时进行袖窿减针，身长共织 34cm 时开始前领窝减针，按结构图减完针后收针断线。用同样方法完成另一侧前片，减针方向相反。

　3. 下摆片：起 218 针双罗纹针边，织 20 行，然后不加减针编织下针下摆片，织 25cm 后，断线。再完成 2 片。

　4. 缝合：将上身前、后片相应位置缝实。另起针连续挑织双罗纹针衣襟边、领边，一侧留出扣眼位置，完成后钉好纽扣。另起针从挑织双罗纹针边处挑织装饰领边，共织 18cm。将下摆片在收针方向拿活褶固定，拿完褶后与上身片尺寸相同，然后与身片对接缝实，缝好侧缝。

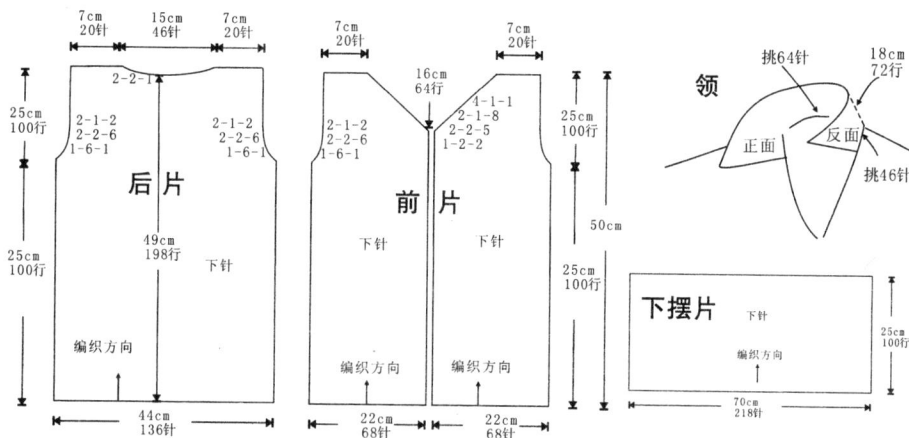

后片
7cm 20针　15cm 46针　7cm 20针
25cm 100行
2-2-1
2-1-2 2-2-6 1-6-1
2-1-2 2-2-6 1-6-1
25cm 100行
49cm 198行　下针
编织方向
44cm 136针

前片
7cm 20针　7cm 20针
16cm 64行
2-1-2 2-2-6 1-6-1
4-1-1 2-1-8 2-2-5 1-2-2
25cm 100行
50cm
25cm 100行
下针　下针
编织方向　编织方向
22cm 68针　22cm 68针

领
挑64针　18cm 72行
正面　反面
挑46针

下摆片
下针
25cm 100行
编织方向
70cm 218针

蓝色V领装

【成品尺寸】衣长15cm　胸围88cm　袖长7cm

【工具】6号钩针　缝纫机

【材料】宝石蓝色棉绒120g

【附件】真丝布料

【制作方法】单股线编织，挂肩由前、后片、袖片钩合而成。

1. 后片：起36cm辫子针，钩织花样挂肩后片，钩织8cm时留出后领窝，两侧各减3个花样，肩部留8cm。

2. 单元花：圈起钩6组1针辫子针1针长针再1针辫子针作花心，第二圈从花心底部钩出3针辫子针，第三圈在辫子针内钩5针扇形针，第四圈从底部钩出5针辫子针，第五圈在辫子针内钩8针扇形针，第六圈再从花心底部钩出8针辫子针，第七圈在辫子针内钩12针扇形针。共完成4朵。起12针辫子针后，来回钩织12针短针小叶子。完成8朵。

3. 袖片：将每组2个小叶子和1个单元花用鱼鳞花拼接形成挂肩前片和袖片。

4. 缝合：将前片、后片、袖片对应缝实。沿领窝、袖窿挑织短针装饰边。整体完成后与真丝布料裁剪的身片缝合。

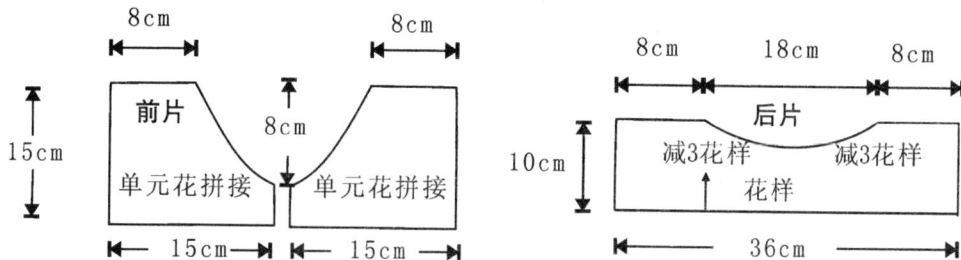

前片
8cm　8cm
15cm
8cm
单元花拼接　单元花拼接
15cm　15cm

后片
8cm　18cm　8cm
10cm
减3花样　减3花样
花样
36cm

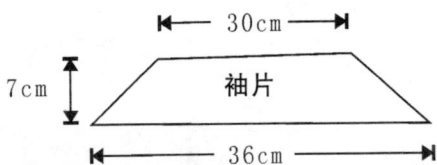

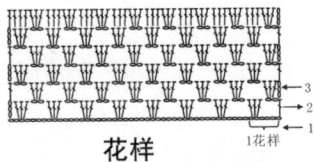

30cm

7cm 袖片

36cm

单元花样

花样

3
2
1
1花样

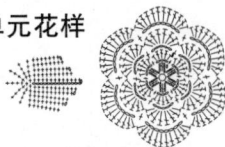

【成品尺寸】衣长 54cm　胸围 96cm　袖片 13cm

【工具】10 号棒针

【材料】宝石蓝色银丝细毛线 230g

【密度】$10cm^2$：26针×34行

【附件】纽扣 2 枚

【制作方法】单股线编织，毛衣由前片、后片、袖片、袋片组成。

　　1. 后片：起 124 针下针双层边，编织下针后片，编织到 34cm 时开始袖窿减针，按结构图减完针后不加减针编织肩部，肩部各余 8cm。

　　2. 前片：同样起 124 针编织下针前片，编织到 34cm 时同时进行袖窿、前领窝减针，按结构图减针，完成后收针断线，肩部各余 8cm。

　　3. 袖片：起 86 针下针双层边，从袖口编织花样袖片，不加减针编织 3cm 后开始袖山减针，按图所示减针后余 16 针。用同样方法再完成另一片袖片。

　　4. 袋片：起 30 针下针双层边，从袋口开始编织下针袋片，不加减针织 18cm 后收针断线，完成 2 片。

　　5. 缝合：将身片及 袖片对应位置缝合。挑织下针双层边领，穿入装饰带。缝好纽扣。

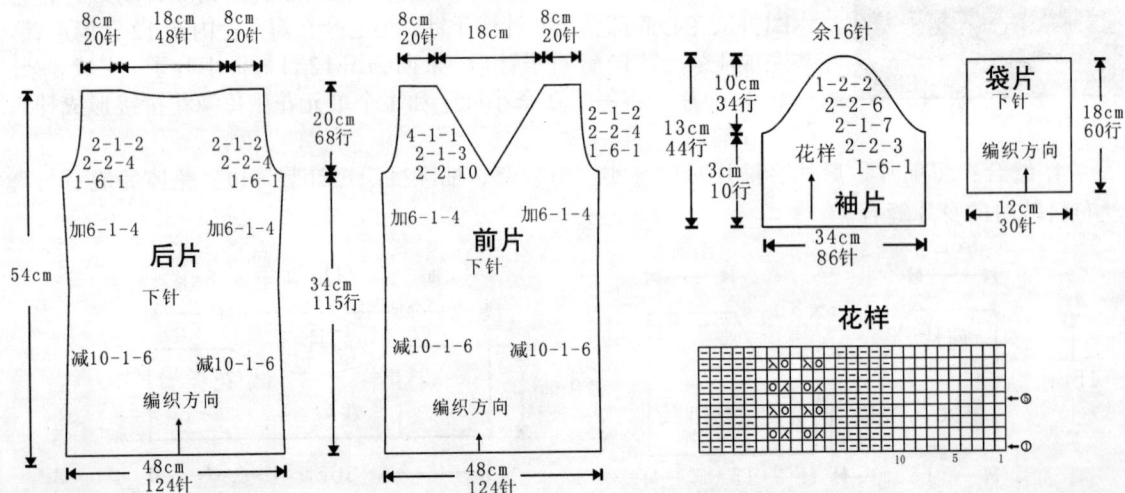

8cm　18cm　8cm
20针　48针　20针

2-1-2　　　2-1-2
2-2-4　　　2-2-4
1-6-1　　　1-6-1

加6-1-4　　加6-1-4

20cm
68行

54cm

34cm
115行

后片

下针

减10-1-6　　减10-1-6

编织方向

48cm
124针

8cm　　18cm　　8cm
20针　　　　　　20针

4-1-1
2-1-3
2-2-10

2-1-2
2-2-4
1-6-1

加6-1-4　　加6-1-4

前片

下针

减10-1-6　　减10-1-6

编织方向

48cm
124针

余16针

10cm
34行

1-2-2
2-2-6
2-1-7

13cm
44行

花样 2-2-3

3cm
10行

花样

袖片

34cm
86针

袋片

下针

编织方向

18cm
60行

12cm
30针

花样

10　　5　　1

204

圆领束腰长衫

【成品尺寸】衣长 75cm　胸围 92cm　袖片 70cm

【工具】13 号钢针

【材料】紫罗兰色牛奶绒线 420g　灰色牛奶绒线 50g

【密度】10cm² ：60针 × 56行

【制作方法】单股线编织。短袖衣由前片、后片、袖片、装饰片组成。

　　1. 后片：用紫罗兰色线起 276 针下针双层边，编织下针后片，两侧减针收腰，身长共织 55cm 时两侧按结构图所示开始袖窿减针。袖窿完成减针后不加减针编织到肩部，收针断线。

　　2. 前片：用同样方法完成前片，身长共织 66cm 时进行前领窝减针，按图所示完成减针后编织至肩部收针，肩部余 48 针。

　　3. 袖片：用紫罗兰色线起 204 针下针双层边，编织下针袖山片，按图示两侧减针，共织 11cm 后收针断线，袖山余 30 针。

　　4. 装饰片：用灰色线起 180 针，两侧按图示减针，共织 5cm，最后余 178 针收针断线。共织 6 片。

　　5. 缝合：沿边将各片对应位置缝合，挑织下针双层边领边。将单独编织完成的装饰片分别沿肩部和袖片缝实，每侧 3 片。

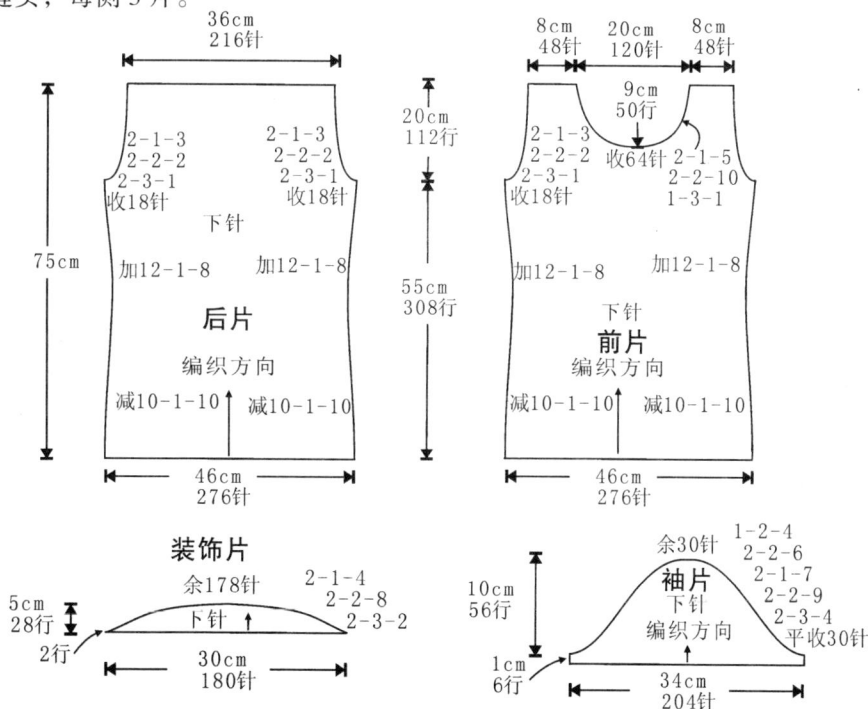

后片

36cm / 216针

2-1-3
2-2-2
2-3-1
收18针

下针

加12-1-8　加12-1-8

后片

编织方向

减10-1-10　减10-1-10

75cm

46cm / 276针

前片

8cm / 48针　20cm / 120针　8cm / 48针

9cm / 50行

20cm / 112行

2-1-3
2-2-2
2-3-1
收18针　收64针　2-1-5
2-2-10
1-3-1

加12-1-8　加12-1-8

下针

前片

编织方向

减10-1-10　减10-1-10

55cm / 308行

46cm / 276针

装饰片

余178针　2-1-4
2-2-8
2-3-2

5cm / 28行

下针

2行

30cm / 180针

袖片

余30针　1-2-4
2-2-6
2-1-7
2-2-9
2-3-4
平收30针

10cm / 56行

袖片

下针

编织方向

1cm / 6行

34cm / 204针

【成品尺寸】衣长 70cm　胸围 92cm　袖长 20cm

【工具】12 号棒针

【材料】宝石蓝色牛奶绒 480g

【密度】10cm²：42针×51行

【制作方法】单股线编织,毛衣由前、后片、袖片缝合而成。

　　1.后片:起194针下针双层边,然后编织下针后片,两侧减针收腰,织 50cm 后两侧袖窿减针,按图减针,身长共织 68cm 时减出后领窝,肩部余 28 针。

　　2.前片:用同样方法完成前片,前上片共编织 58cm 时进行前衣领减针,按结构图减完后收针断线。

　　3.袖片:起 504 针编织下针装饰袖片,不加减针织 102 行,收针断线。完成 2 片。

　4.缝合:将前、后片对应相应位置缝实。沿领窝、袖窿挑织下针双层边。将装饰袖片拿活褶在反面固定,沿肩片缝实,形成木耳袖。

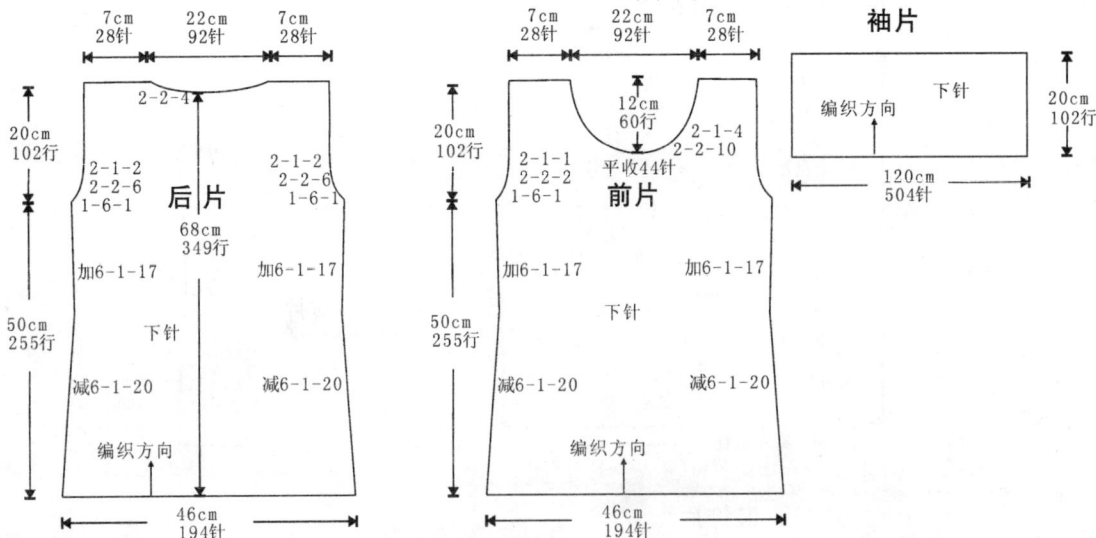

后片

7cm 28针　22cm 92针　7cm 28针

20cm 102行

2-2-4

2-1-2
2-2-6
1-6-1

后片

68cm 349行

2-1-2
2-2-6
1-6-1

加6-1-17　　加6-1-17

50cm 255行

下针

减6-1-20　　减6-1-20

编织方向

46cm 194针

前片

7cm 28针　22cm 92针　7cm 28针

20cm 102行

12cm 60行

2-1-1
2-2-2
1-6-1

平收44针

前片

2-1-4
2-2-10

加6-1-17　　加6-1-17

50cm 255行

下针

减6-1-20　　减6-1-20

编织方向

46cm 194针

袖片

下针

编织方向

20cm 102行

120cm 504针

清纯网格衫

【成品尺寸】衣长 53cm　胸围 92cm

【工具】4 号钩针　编花器

【材料】白色棉线 120g　红色马海毛线 3g　蓝色马海毛线 3g　绿色马海毛线 3g　粉色马海毛线 3g　驼色马海毛线 9g

【制作方法】单股线钩编，背心由前上下片、后片组成。

1. 后片：起 88 针，辫子针钩织花样后片，到 42cm 时按结构图开始袖窿减针。袖窿完成减针后不加减针编织到肩部，收针断线。

2. 前片：用编花器编出单元花，外侧 3 针辫子针连接，共完成 7 个，颜色搭配根据个人喜好调换，前片分两片钩织，先起 46 针辫子针钩织下片，在中心位置加入单元花，织 42cm，收针断线。另起 88 针辫子针钩织上片，两侧加入单元花，钩织 4cm，进行袖窿、领窝减针，按图减针后钩织至肩部收针。

3. 花样：圈起钩织 5 组 1 个辫子针、1 个长针花心，第二行在辫子针内钩出 6 针扇形针，第三行从第二行底部钩出 5 组 1 个辫子针、1 个长针，第四行在辫子针内钩出 6 针扇形针，形成立体小花。

4. 缝合：先将后片与前下片缝合，再将前上片沿袖窿与后片缝合，前片上下不缝合，用立体小花在中心固定。沿领窝、袖窿钩织装饰边。

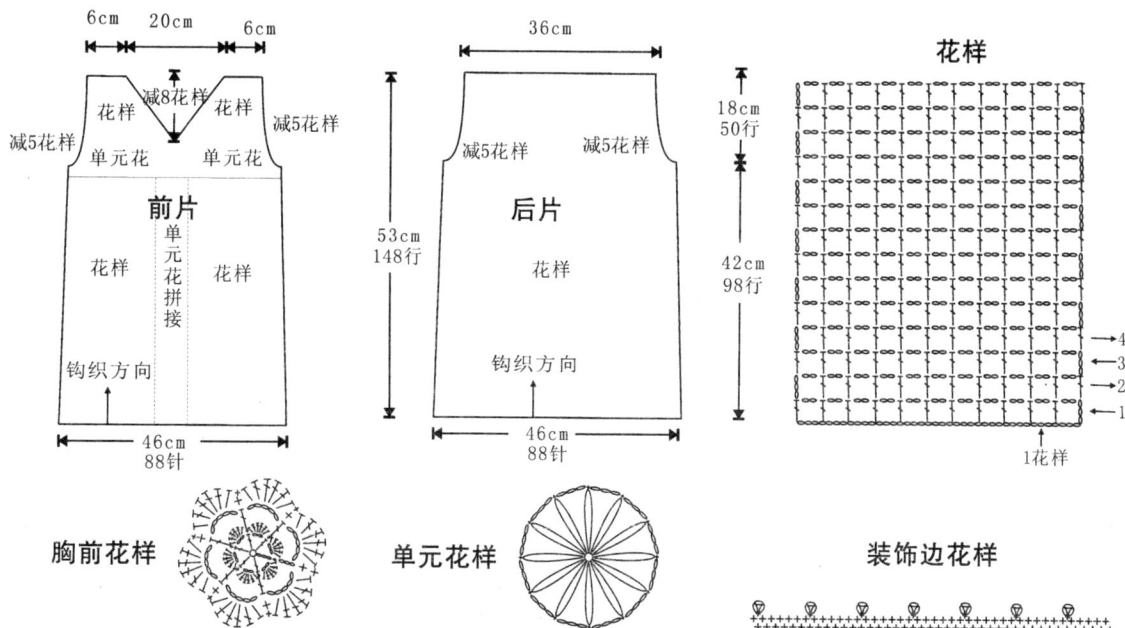

前片

6cm　20cm　6cm
减8花样
花样　花样
减5花样　减5花样
单元花　单元花
花样　单元花拼接　花样
钩织方向
46cm
88针

后片

36cm
减5花样　减5花样
花样
钩织方向
53cm
148行
46cm
88针

花样

18cm
50行
42cm
98行
→4
←3
→2
←1
1花样

胸前花样

单元花样

装饰边花样

【成品尺寸】衣长 71cm　袖长 50cm　胸围 92cm

【工具】10 号棒针

【材料】粉色竹炭棉 360g

【密度】$10cm^2$：31针×40行

【制作方法】二股线编织，短袖衣由前片、后片、袖片组成。

　　1. 下摆：起 142 针编织下针双层边后开始编织花样 1 下片，不加减针织 20cm，收针断线，完成 2 片。

　　2. 后片：起 142 针编织下针后片，两侧减针收腰，织 31cm 后两侧按结构图所示开始袖窿减针。袖窿完成减针后不加减针编织到肩部，收针断线。

　　3. 前片：用同样方法完成前片，身长共织 55cm 时同时进行前领窝减针，按图所示完成减针后编织至肩部收针，肩部余 24 针。

　4. 袖片：起 86 针下针双层边后从袖口编织花样 2 袖片，均匀加针织 40cm 后开始袖山减针，按图示两侧减针，共织 10cm 后收针断线，袖山余 18 针。用同样方法完成另一片。

　5. 缝合：先将上下身片沿边缝合，再将袖片与身片缝合，挑织波浪装饰边。

　6. 波浪边织法：正常挑织下针装饰边，第 2 行时每针放 3 针编织，编织到所需的长度，收针断线。

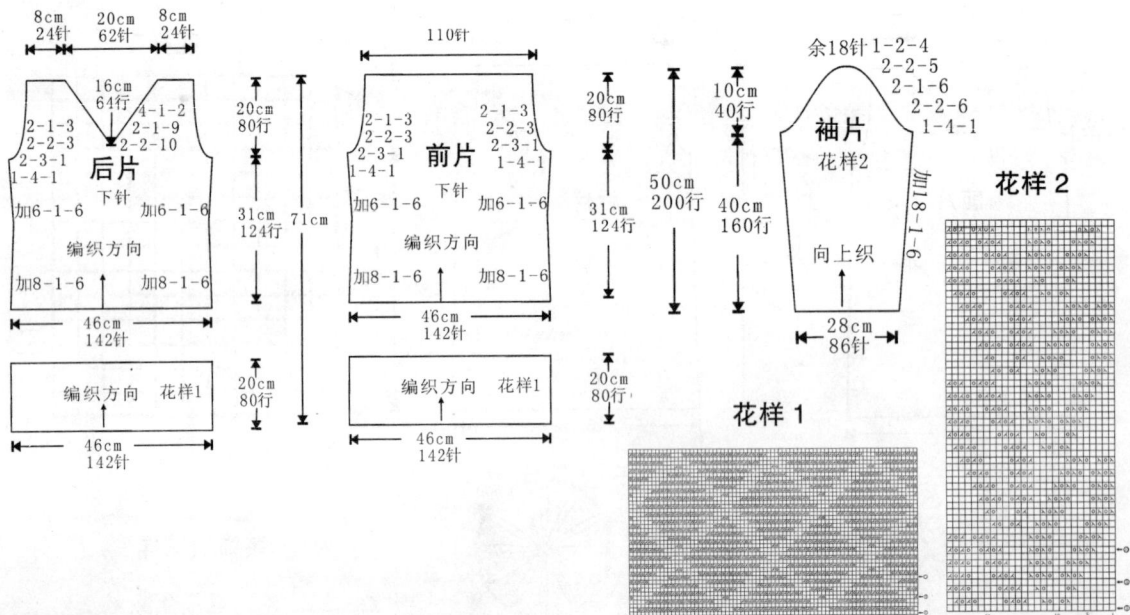

后片

8cm 24针　20cm 62针　8cm 24针

16cm 64行

2-1-3
2-1-3
2-3-1
1-4-1

4-1-2
2-1-9
2-2-10

下针

加6-1-6　　加6-1-6

编织方向

加8-1-6　　加8-1-6

46cm 142针

20cm 80行

31cm 124行

71cm

编织方向　花样1

20cm 80行

46cm 142针

前片

110针

2-1-3
2-2-3
2-3-1

2-1-3
2-2-3
1-4-1

下针

加6-1-6　　加6-1-6

编织方向

加8-1-6　　加8-1-6

46cm 142针

编织方向　花样1

46cm 142针

20cm 80行

31cm 124行

50cm 200行

10cm 40行

40cm 160行

20cm 80行

袖片

余18针 1-2-4
2-2-5
2-1-6
2-2-6
1-4-1

花样2

向上织

加18-1-6

28cm 86针

花样2

花样1

菠萝纹长衫

【成品尺寸】衣长 53cm　袖长 23cm

【工具】7 号棒针　环形针

【材料】白色毛线 520g

【密度】10cm：21 针 ×25 行

【制作方法】单股线编织，毛衣由单片编织完成。

　　1. 前、后片、袖片：起 100 针，从袖口开始编织花样袖片，两侧按图加针，共织 50 行，袖长编织到 30cm 时，开始领窝减针，后领窝不加减针，前领窝按图示加减针，领窝共织 20cm，按图示完成后，再连接身片继续编织，按原来减针针数如数加出另一侧袖片，完成后收针断线。

　　2. 缝合：将前、后片沿侧缝对接缝合，留出袖窿，将袖窿拿活褶后挑织下针包边。

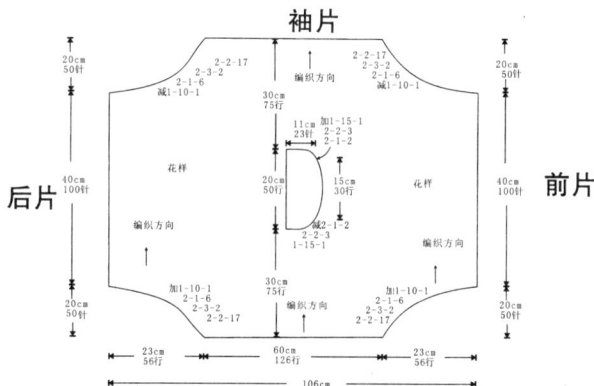

袖片

花样

后片　前片

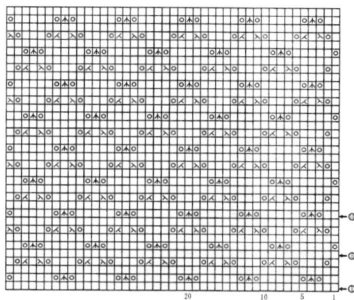

【成品尺寸】衣长 100cm　胸围 100cm

【工具】2.0mm 钩针

【材料】白色线 250g

【作用方法】参照衣服的结构图，按照衣身图样、下摆图样，钩织前片、后片，然后拼侧缝，按照花边图样钩衣服花边，最后钩衣服吊带 2 条。

下摆拼花图样

衣身图样

花边图样

22cm

吊带

22cm

吊带

18cm

42cm

后片

衣身图样

42cm

前片

衣身图样

82cm

50cm

50cm

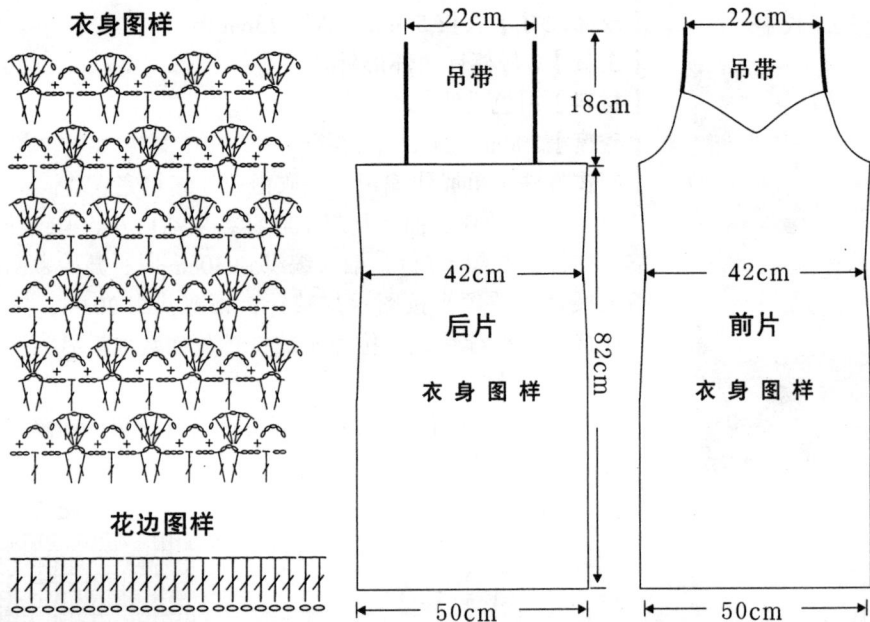

镂空圆领长衫

【成品尺寸】衣长 84cm　胸围 92cm　袖长 13cm

【工具】12 号棒针

【材料】宝石蓝色牛奶绒线 480g　白色棉线

【密度】$10cm^2$：42 针 × 51 行

【制作方法】单股线编织，毛衣由前、后片、袖片缝合而成。

1. 后片：起 194 针编织下针双层边，然后编织下针后片，两侧减针收腰，织 80cm 后两侧袖窿及衣领减针，按图减针。

2. 前片：用同样方法完成前片，前上片共编织 80cm 时进行前衣领减针，按结构图减完针后收针断线。

3. 袖片：起 176 针编织下针装饰袖片，两面三刀侧袖山片减针，织 16 行，收针断线。完成 2 片。

4. 缝合：将前、后片对应缝实。沿领窝挑织 14 行花样 1 小边装饰，挑织前、后片缝合于衣身。

5. 整理：另起钩织 7cm 花样 2 装饰边，钩 8cm，完成后绕衣领挑织衣边。将装饰袖片拿活褶在反面固定，沿肩片缝实，形成木耳袖。

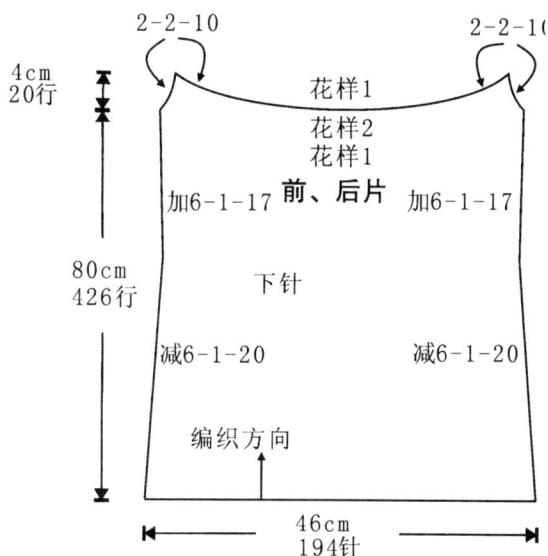

袖片

余144针

3cm
16行

2-2-8　↑下针　2-2-8

42cm
176针

2-2-10　2-2-10

4cm
20行

花样1
花样2
花样1

加6-1-17　前、后片　加6-1-17

80cm
426行

下针

减6-1-20　减6-1-20

编织方向

46cm
194针

花样1

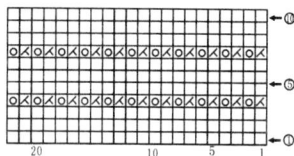

花样2

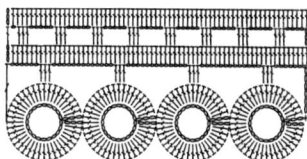

【成品尺寸】衣长 72cm　胸围 90cm

【工具】11 号棒针　环形针　7 号钩针

【材料】白色开司米线 200g

【密度】10cm² ：32针×40行

【制作方法】单股线编织，毛衣由前、后片组成。

　1. 前、后片：起 64 针从袖口开始编织下针后片，两侧按图示加针编织，加到 20 行即完成袖片、肩部加针，然后一侧不加减针编织 44cm，一侧按图示减出领窝，领窝织 45cm，再按减针针数如数加针编织另一侧，完成后收针断线。用同样方法编织完成前片。

　2. 单元花：圈针起高，第一圈钩 12 组 13 针辫子针，第二圈钩 5 针辫子针连接花心，最后一圈拼接用 5 针辫子针，完成后收针断线。共完成 12 朵，前、后片各 6 朵。

　3. 缝合：将前、后片沿侧缝对接缝合。沿袖窿挑织双罗纹针边，沿领窝缝实拼接的单元花，完成后挑织下针双层领边。沿衣边挑织双罗纹针下边，共织 10cm。

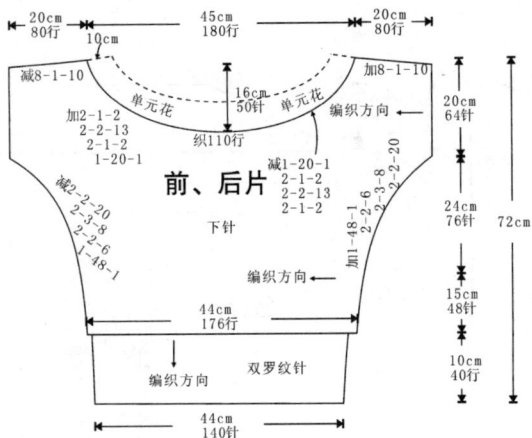

20cm
80行

45cm
180行

20cm
80行

10cm

减8-1-10

加8-1-10

单元花

单元花

加2-1-2
2-2-13
2-1-2
1-20-1

16针
-50针
织110行

编织方向

20cm
64针

前、后片

减1-20-1
2-1-2
2-2-13
2-1-2

下针

减2-2-20
2-2-3-8
2-2-6
2-1-4

加1-48-1

加1-48-1
2-2-3-8
2-2-20

24cm
76针

72cm

编织方向

15cm
48针

44cm
176行

10cm
40行

双罗纹针

编织方向

44cm
140针

单元花样

深色网格衫

【制作方法】衣长 54cm　胸围 90cm

【工具】2.0mm 钩针

【材料】黑色线 180g

【制作方法】首先按照图样 1 的做法，钩长针 35 行，然后往下摆钩 3 个菠萝花的长度，再钩袖口 2 个菠萝花的长度，最后按照花边图样，钩领口的花边。

图样 1

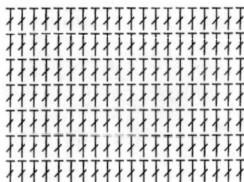

领口花边图样

图样 2

8cm

2cm

8cm

图样2

图样2

图样2

图样2

18cm

长针
35行

长针
35行

图样1

图样1

34cm

图样2

3个菠萝花

3个菠萝花

图样2

45cm

45cm

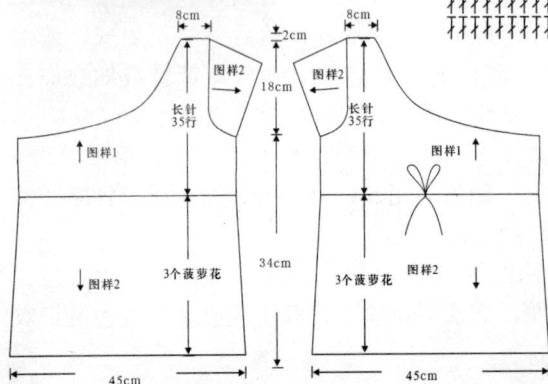

【成品尺寸】衣长 92cm　胸围 104cm　袖长 50cm
【工具】2.0mm 钩针
【材料】黑色线 280g
【制作方法】首先，按照拼花的做法拼衣服上半身，然后，在上半身的基础上，按照基本图样钩衣服下半身，再钩袖片 2 个，接着拼肩、上袖，拼衣服侧缝。最后按照花边图样，钩领口、袖口和下摆的花边。

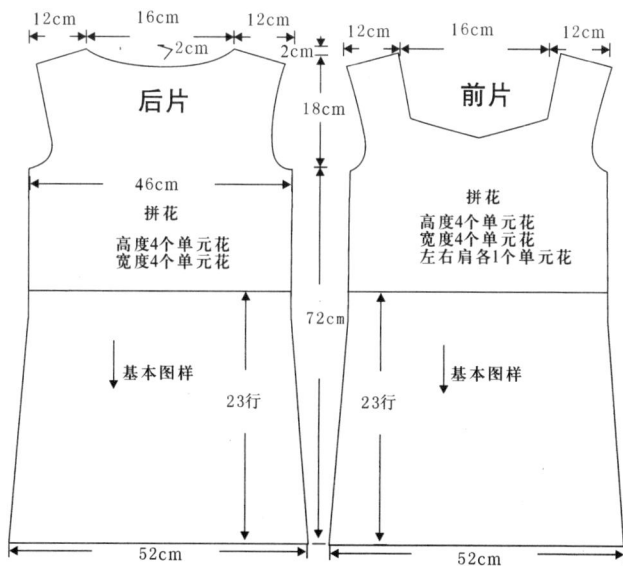

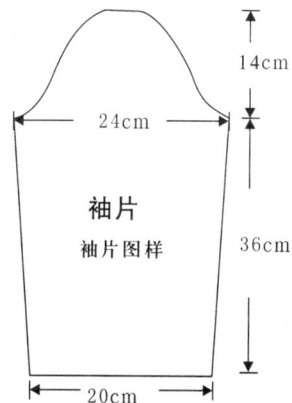

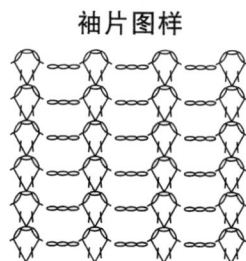

后片

12cm　16cm　12cm
2cm
2cm
18cm
46cm
拼花
高度4个单元花
宽度4个单元花
72cm
基本图样
23行
52cm

前片

12cm　16cm　12cm
拼花
高度4个单元花
宽度4个单元花
左右肩各1个单元花
基本图样
23行
52cm

袖片
袖片图样

14cm
24cm
36cm
20cm

袖片图样

基本图样图解

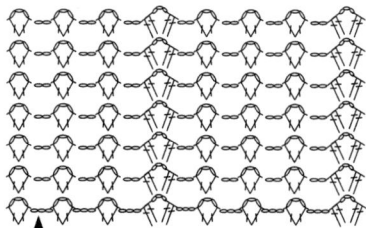

从腰部往下钩，每6行加1针锁针，共钩23行

衣服外围花边

单元花

拼花图解

性感镂空长裙

【成品尺寸】衣长 93cm　胸围 100cm
【工具】2.0mm 钩针
【材料】灰色线 300g
【密度】$10cm^2$：14针×8行
【制作方法】首先按照拼花图样钩拼花，按照衣服的结构图在拼花的基础上往上钩和向下钩，衔接处都是两行长针，最后钩领口和袖口花边并在下摆穿流苏，具体做法参照如下图解。

吊带图样

图样 1

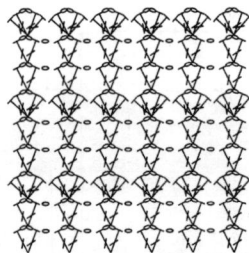

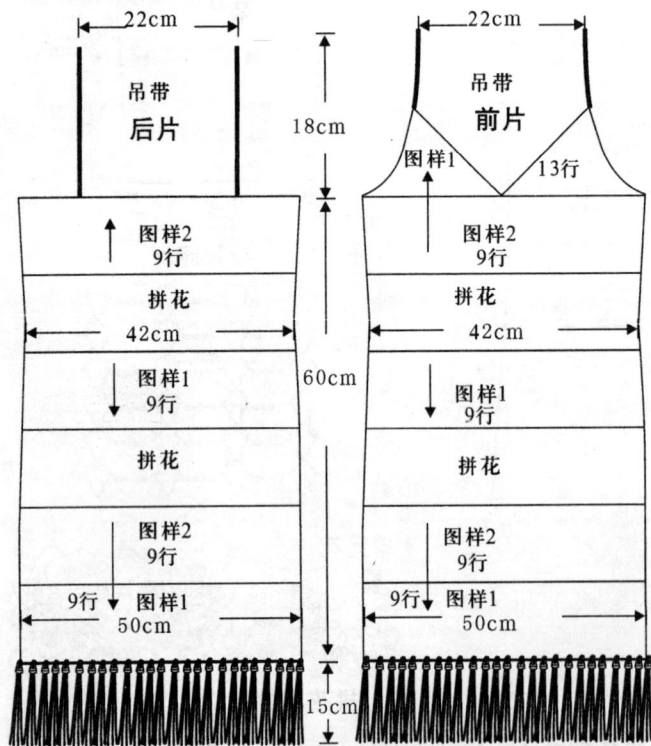

图样 2

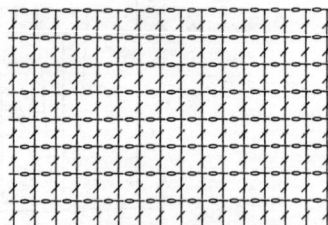

拼花图解

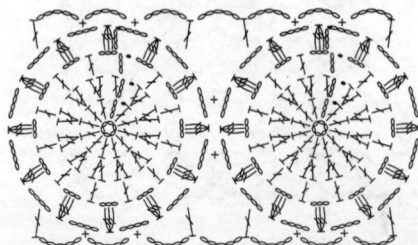

领口袖口花边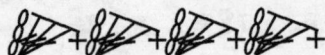

【成品尺寸】衣长45cm　胸围84cm　袖长10cm

【工具】9号棒针

【材料】咖啡色桑蚕丝520g

【密度】10cm²：25针×32行

【制作方法】单股线编织。衣服由前片、后片、袖片、下摆片组成。

　　1. 后片：起104针编织下针后片，两侧加减针织到25cm时按结构图开始袖窿减针。袖窿完成减针后不加减针编织到肩部，收针断线。

　　2. 前片：起104针编织下针前片，两侧加针织到25cm时进行袖窿减针、前衣领减针，两侧相反按图所示完成减针，编织至肩部收针，肩部余17针。

　　3. 袖片：起84针花样1边编织袖片，两侧进行袖山减针。按图完成减针后收针断线，共织10cm，余16针。

　4. 下摆片：起112针编织花样2下摆片，不加减针织172cm，完成2片。

　5. 缝合：将前片、后片、袖片沿边对应位置缝合。将下摆片对折后，中点与身片侧缝固定，沿身片下边缝合至两片起针边，沿下边穿入流苏装饰。

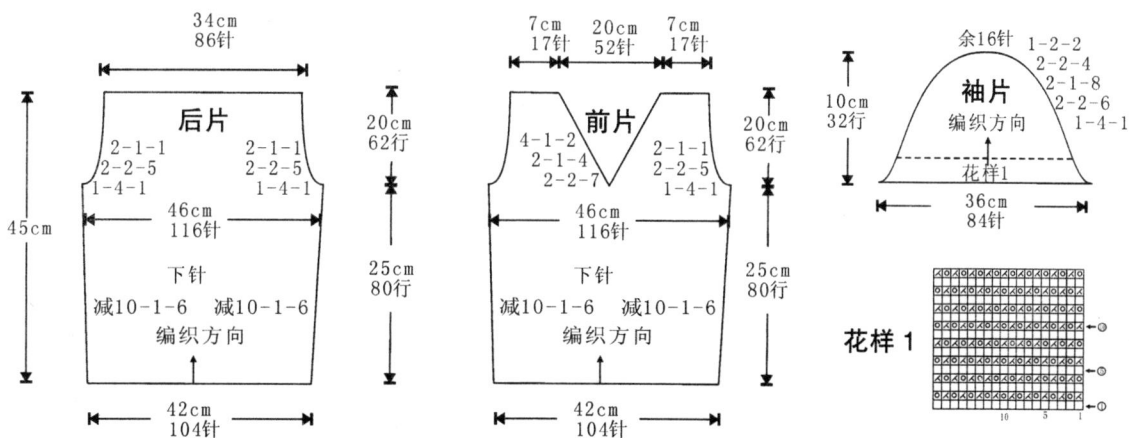

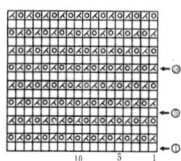

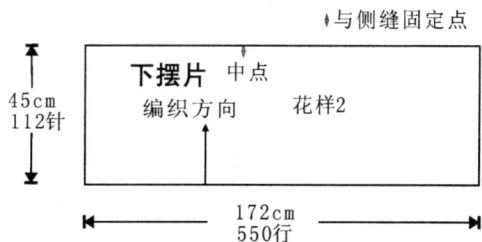

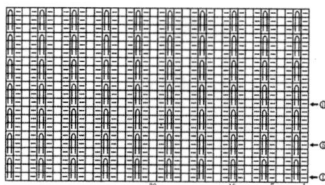

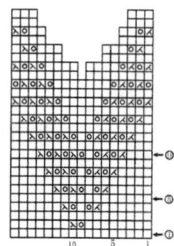

编织符号说明

符号	说明	符号	说明	符号	说明	符号	说明
⊟	上针		1针加3针		右上3针交叉		右上1针和左下2针交叉
⊡	下针		3针并1针		左上3针交叉		左上1针和右下2针交叉
⊙	空针	⋎	1针放2针		左上6针交叉		右上5针和左下5针交叉
⊘	拉针	⋀	2针并1针	⊠	左上1针交叉		右上3针和左下3针交叉
⊤	长针		1针放2针	⊠	右上1针交叉		1针扭针和1针上针右上交叉
○	扣眼		上针吊针		左上2针并1针		1针扭针和1针上针左上交叉
⋎	滑针	↑	编织方向		右上2针并1针		右上3针中间1针交叉
○	锁针		空针浮针	◇	3针2行节编织		1针下针中间左上2针交叉
⊿	浮针	⋁	右侧加针		右上3针并1针		2针下针和1针上针左上交叉
✚	短针		左侧加针		中上3针并1针		2针下针和1针上针右上交叉
⊙	扭针		延伸上针	⋎	长针1针放2针		绕双线织下针,并把线套绕到正面
⋁	挑针	⋋	上针拨收	⋀	长针2针并1针		
○	辫子针		5针并1针1针放5针		1针里加出5针		
⌐○⌐	穿左针		减1针加1针		长针3针枣形针		
∪	延伸针		平加出3针	3	1针放3针的加针		
T	中长线		7针平收针	5	1针放5针的加针		
⊙	扭上针		右上2针交叉		上针左上2针并1针		
∇	上拉针		卷3圈的卷针		长针1针中心交叉		
⊗	狗牙针		右上4针交叉		右上2针和左下1针交叉		
	4行吊针						